全国 BIM 应用技能考试培训教材

综合 BIM 应用

中国建设教育协会　组织编写

中国建筑工业出版社

图书在版编目（CIP）数据

综合 BIM 应用/中国建设教育协会组织编写. —北
京：中国建筑工业出版社，2016.12
全国 BIM 应用技能考试培训教材
ISBN 978-7-112-19920-4

Ⅰ. ①综… Ⅱ. ①中… Ⅲ. ①建筑设计-计算机
辅助设计-应用软件 Ⅳ. ①TU201.4

中国版本图书馆 CIP 数据核字（2016）第 230959 号

本书为全国 BIM 应用技能考评指定考试用书，依据《全国 BIM 应用技能考评
大纲》编写。全书共分为 7 章，主要内容有概述、BIM 实施规划与控制、BIM 模
型的质量管理与控制、BIM 模型的多专业综合、BIM 的协同应用管理、BIM 的扩
展综合应用及试题样例。

本书可作为参加全国 BIM 应用技能考试综合 BIM 应用人员的培训用书，也可
作为大专院校建筑工程、建筑设计、工程管理及相近专业学生和工程技术人员学
习 BIM 的参考用书。

责任编辑：朱首明 李 明 李 阳 尤凯曦
责任设计：李志立
责任校对：李欣慰 关 健

全国 BIM 应用技能考试培训教材
综合 BIM 应用
中国建设教育协会 组织编写
*
中国建筑工业出版社出版、发行（北京西郊百万庄）
各地新华书店、建筑书店经销
霸州市顺浩图文科技发展有限公司制版
北京市书林印刷有限公司印刷
*
开本：787×1092 毫米 1/16 印张：11½ 字数：277 千字
2016 年 12 月第一版 2016 年 12 月第一次印刷
定价：**30.00** 元
ISBN 978-7-112-19920-4
（29385）

3

出 版 说 明

　　建筑信息模型（Building Information Modeling，简称 BIM）作为引领建筑产业现代化的重要技术之一，受到工程建设领域的广泛关注，《住房城乡建设部关于印发推进建筑信息模型应用指导意见的通知》（建质函〔2015〕159 号）中指出："BIM 应用作为建筑业信息化的重要组成部分，必将极大地促进建筑领域生产方式的变革。"

　　本套《考试培训教材》由中国建设教育协会组织编写，是全国 BIM 应用技能考试的指定考试用书。《考试培训教材》按照《全国 BIM 应用技能考评大纲》要求编写，紧紧围绕实际工程的需要，本着理论和实践相结合的原则，构建提高 BIM 应用技能所需的知识体系，并辅以实际工程项目的典型样例，深入浅出地对 BIM 建模、专业 BIM 应用和综合 BIM 应用三级考评的知识要点进行了阐述，对致力于提高 BIM 应用技能水平的学习者有着系统的指导意义，对参加全国 BIM 应用技能考试的人员来说，更是不可或缺的指导用书。

　　《考试培训教材》全套共七本，包括《BIM 建模》、《建筑设计 BIM 应用》、《结构工程 BIM 应用》、《设备工程 BIM 应用》、《工程管理 BIM 应用（土建类）》、《工程管理 BIM 应用（安装类）》和《综合 BIM 应用》。

　　《考试培训教材》各分册的主编均为建筑信息领域的高水平专家学者，融合了业界先进的经验与范例，经过反复的推敲与审定，最终形成了本套集技术先进性、内容通俗性与应用可操作性于一体的培训教材。由于编写时间有限，而 BIM 技术的发展日新月异，不足之处还请广大读者和同行多加指正。

前　　言

　　BIM 技术正在推动着建筑工程设计、建造、运维管理等多方面的变革。BIM 技术作为一种新的技能，有着越来越大的社会需求，正在成为我国应用型人才储备及培训计划的重要内容。在此背景下，为了更好地服务行业、服务发展，中国建设教育协会适时开展全国 BIM 应用技能培训与考评工作，组织国内权威专家，制定了《全国 BIM 应用技能考评大纲》，并组织编写了配套《考试用书》，本书为其中之一。在编撰过程中，编写人员始终遵循《全国 BIM 应用技能考评大纲》中"与我国 BIM 应用的实践相结合，与法律法规、标准规范相结合，与用人单位的实际需求相结合"的编制原则，力求在基本素质测试的基础上，结合工程项目的实践，重点测试应试者对 BIM 知识与技术实际应用的能力。

　　本教材编撰者来自大专院校、行业协会、设计与施工单位、软件开发商、工程咨询公司等相关单位，均为各领域的管理专家学者。在编写过程中，组织召开了多次会议，确定了该书的体系、结构及内容，并组织编委内部与外部专家对书稿进行了审阅。本书由王广斌和张雷担任主编，全书由王广斌先生统稿。其中，第 1 章由王广斌、张雷和谭丹编写，第 2 章由孟凡贵和张雷编写，第 3 章由张雷、张洪军、张晓菲和谢嘉波编写，第 4 章由应宇垦、张洪军编写，第 5 章由谭丹、张洪军、张晓菲、王全杰、林敏、张积慧、叶雯、陆浩东编写，第 6 章由王廷魁、张雷、乔丽艳、邵续栋和孙建锋编写，第 7 章由王广斌、张雷、谭丹和应宇垦负责编写。

　　本教材为《全国 BIM 应用技能考评大纲》（中国建设教育协会组织编写）配套考试用书，适于全国 BIM 应用技能考评应用。本教材可用作大专院校建筑工程、建筑设计、工程管理及相近专业学生和社会人员参加建筑设计 BIM 应用技能考评的参考用书。

　　在《综合 BIM 应用》编写过程中，虽然反复推敲核证，仍难免存在不妥乃至疏漏之处，恳请广大读者提出宝贵意见。

目　　录

1 概　　述

1.1　综合 BIM 应用的内容与原则

1.1.1　综合 BIM 应用的内容

建筑生产过程的本质是面向物质和信息的协作过程，项目组织的决策和实施过程的质量直接依赖于项目信息的可用性、可访问性及可靠性。以 BIM 为代表的信息技术的不断发展，对工程项目的管理产生巨大影响，为工程项目管理提供了强大的管理工具和手段，可以极大地提高工程项目的管理效率，提升工程项目管理的水平。近年来，BIM 无论是作为一种新的技术，还是作为一种新的生产方式都得到了广泛的关注。

（1）综合 BIM 应用的核心内容

随着 BIM 应用范围的日益广泛和应用层次的逐渐深入，BIM 的内涵也在不断地发生变化，越来越体现综合 BIM 应用的价值所在。Autodesk 公司（2002 年）在其《BIM 白皮书》中指出，BIM 不仅仅指一种建筑软件的应用，它更代表了一种新的思维方式和工作方式，它的应用是对传统的以图纸为信息交流媒介的生产范式的颠覆。Finith（2008 年）在其著作《广义 BIM 与狭义 BIM》中指出，BIM 的内涵具有狭义和广义之分，狭义的 BIM 主要指对 BIM 软件的应用，广义的 BIM 考虑了组织与环境的复杂性及关联性对项目管理的影响，目的是为了帮助项目在适当的时间、地点获取必要的信息。麦格劳-希尔建筑信息公司（2008 年）在其出版的 BIM 专著《建筑信息模型-利用 4D CAD 和模拟来规划和管理项目》中对 BIM 的内涵做了这样界定：BIM 不仅仅是一种工具，而且也是通过建立模型来加强交流的过程。作为一种工具，它可以使项目各参与方共同创建、分析、共享和集成模型；作为一个过程，它加强了项目组织之间的协作，并使他们从模型的应用中受益。美国建筑科学研究院（2007 年）在《国家建筑信息模型标准 NBIMS》中对广义 BIM 的含义作了阐释：BIM 包含了三层含义，第一层是作为产品的 BIM，即指设施的数字化表示，第二层是作为协同过程的 BIM，第三层是作为设施全寿命周期管理方式的 BIM。BIM 的外延聚焦于一系列与 BIM 应用相关的软件，如 ArchiCAD、Bently、Revit 等。

1）从 BIM 的内涵看，Eastman（2008 年）提出 BIM 的核心技术是参数化建模技术，这不仅是对建筑设施的数字化、智能化表示，更是对建设项目的绩效、规划、施工和运营等一系列活动进行分析管理的动态过程。它不能简单地被理解为一种工具，它体现了建筑业广泛变革的人类活动，这种变革既包括了工具的变革，也包含了生产过程及组织的变革。Hardin（2009 年）基于 Eastman 的观点认为 BIM 不仅仅意味着 3D 建模软件的应用，还是在使用一种新的思维方式。Succar（2009 年）提出 BIM 是在政策、流程和技术的一系列相互作用下，用于建设项目全生命周期的项目数据的数字化管理方法。Howard（2008 年）的研究报告指出 BIM 是工程建设过程中通过应用多学科、多专业和集成化的信息模型，准确反映和控制项目建设的过程，使项目建设目标能最好地实现。

2）从 BIM 的外延看，BIM 软件供应商基于产品的视角对 BIM 也有着各自的定义。Autodesk 认为 BIM 是一种用于设计、施工、管理的方法，运用这种方法可以及时并持久地获得质量高、可靠性好、集成度高、协作充分的项目信息。Graphisoft 认为 BIM 是建设过程中唯一的知识库，它所包含的信息包括图形信息、非图形信息、标准、进度及其他信息，用以实现减少差错、缩短工期的目标。Bentley 也认为 BIM 是一个在集成数据管理系统下应用于设施全寿命周期的数字化模型，它包含的信息可以是图形信息也可以是非图形信息。

可以预见，随着 BIM 技术应用的不断深入，BIM 将逐渐超越最初的产品模型或生产技术的界限，引致一系列全新的建设项目生产思想及方法的产生，这些新的思想和方法将引发建设项目生产过程及组织关系的重大变革。被誉为"BIM 之父"的 Chuck Eastman 教授等也在《BIM 手册》中指出，BIM 并不能简单地被理解为一种工具，它体现了建筑业广泛变革的人类活动，这种变革既包括了工具的变革，也包含了生产过程及组织的变革。由此可见，随着 BIM 理论的不断发展，广义的 BIM 已经超越了最初的产品模型的界限，正被认同是一种应用模型来进行建设和管理的思想和方法，这也正是综合 BIM 应用的本质所在，这种新的思想和方法将引发整个建筑生产过程的变革。

(2) 综合 BIM 应用的基本内容

建设工程所涉及的项目参与方众多，包含人员、机械、材料以及设备等多方面的管理。虽然 BIM 应用能够促进项目各参与方间的协调与沟通，使项目各参与方朝着跨组织关系协同的方向靠拢，但是，由于建筑业固有的文化和惯例，仅凭 BIM 本身是无法实现这一根本改变的。作为临时的跨组织系统，各参与方之间的合作与协调在很大程度上取决于各方的关系管理。而 Rowlinson 曾对香港两个 BIM 应用案例的比较研究结果也表明，需要通过社会基础结构（Social Infrastructure）和关系管理来支持 BIM 应用。因此，综合 BIM 应用的内容主要体现规划性、协同性及控制性。

1）BIM 实施规划与控制。BIM 应用的首要条件是做好 BIM 的实施规划编制，BIM 实施规划是依据现行的国家规范与标准，由企业管理层在 BIM 具体应用之前所编制的，旨在明确 BIM 应用的指导性方针、原则与方法，以满足招标文件要求及签订 BIM 合同要求的文件，指导 BIM 在实践项目中的具体应用。

该部分内容主要包括：企业级和项目级两个层次的 BIM 应用规划的基本内容和组织方法，BIM 技术应用实施的标准、流程及资源管理，建设项目各阶段 BIM 交付物的内容及深度要求，BIM 应用软硬件系统方案，实施规划编制的控制原则与方法，BIM 应用各参与方的任务分工与职责，计划与组织 BIM 模型协调会议，BIM 合同相应条款的编制等。

2）BIM 模型的质量管理与控制。现代质量管理的核心是面向过程，追求顾客满意。BIM 模型的质量是指 BIM 的可交付成果能够满足客户需求的程度。而 BIM 模型的质量管理是为了保证项目的可交付成果能够满足客户的需求，围绕 BIM 的质量而进行的计划、协调、控制等活动。

该部分内容主要包括："面向过程"的 BIM 模型的质量管理制度、责任体系及控制的基本方法，BIM 模型的审阅与批准，其中涵盖 BIM 模型文件的浏览、场景漫游、构件选择、信息读取、记录和批注的方法及常用软件的选择，此外，还包括 BIM 模型的版本管理与迭代方法。

3）BIM 模型多专业综合应用。在建筑项目不同阶段的设计过程中，BIM 模型的创建是建筑、结构、给水排水、暖通及电气等多专业的综合，将不同专业的建筑信息模型链接，在设计成果方面不仅有利于建筑空间的利用，也可以优化管网的布置，给项目的施工、设备的安装乃至日后的维修业带来方便，节约材料，降低造价。BIM 技术的应用，将会改变目前协同设计与施工线型的工作模式，取而代之的将是扩展到全生命周期的设计、施工、管理、运营、管理等各方面全面参与的，各个专业可以快速、准确地协调和解决矛盾的高效的工作模式。由于设计、施工阶段对模型的交付目标和交付要求不同，BIM 模型应用的工作模式应依据 BIM 模型多专业综合应用的实际交付要求而定。

该部分内容主要包括：在建设项目设计阶段，多专业间的模型和数据共享、集成和协同管理，多专业碰撞检测制定、管理与控制，以及多专业 BIM 模型整合或分解的原则与方法等；在建设项目施工阶段，BIM 模型间的共享、合成和协同管理，软硬碰撞规则，应用 BIM 技术进行施工方案模拟与优化分析、根据 4D 和 5D 模拟结果调整施工方案的方法，BIM 模型与工程实际施工情况协同管理和控制的原则和方法。

4）BIM 的协同应用管理。BIM 正在改变建筑业内部和外部团队合作的方式，为了实现 BIM 的最大价值，需要重新思考工程项目管理团队成员的职责与工作流程，基于 BIM 的工作方式打破了原来不同公司和数据使用者之间的固有界限，通过协同工作实现信息资源的共享。BIM 技术的应用，能带来生产力和企业效能的提升，但在短期内也有可能因为对新技术的消化不够，而引起工作流程的干扰、旧有业务的失衡乃至项目风险。

该部分内容主要包括：设计与施工阶段的 BIM 模型协同原理和方法、组织与流程设计方法，设计单位或施工单位企业级协同管理平台的建立原则与方法，常用的设计单位、施工单位和业主基于 BIM 应用的协同管理平台和软件。此外，还包括业主方 BIM 技术应用和实施的组织模式类型与选择，业主方 BIM 模型协同管理的原则与方法、组织与流程。

5）BIM 的扩展应用。随着云计算、物联网、4G 网络等信息技术的兴起和普及，以及以微信、Twitter、Facebook 等为代表的虚拟社交网络在移动互联网上的广泛运用，大数据时代的到来深刻影响着社会和建筑行业的升级和变革。截至目前，国内外建设工程界已在建筑设计、三维可视化、成本预测、节能设计、施工管理及优化、性能测试与评估、信息资源利用等方面的 BIM 应用领域都取得了一定的成果，鉴于 BIM 的潜在应用价值，业内普遍认为在当前大数据和云计算的时代背景下，BIM 可与建筑工业化、物联网、数字城市、绿色建筑等紧密结合，不断深化 BIM 应用的深度和广度。

该部分内容主要包括：在大数据与云计算对建筑行业的影响下，BIM 与 ICT 的结合（移动设备、RFID、企业 ERP、GIS 等）、BIM 软件的集成开发管理、BIM 与绿色建筑的结合、BIM 与建筑产业现代化的结合等。

1.1.2 综合 BIM 应用的原则

BIM 能够应用于工程项目规划、勘察、设计、施工、运营维护等各阶段，实现建筑全生命期各参与方在同一多维建筑信息模型基础上的数据共享，为产业链贯通、工业化建造和繁荣建筑创作提供技术保障；支持对工程环境、能耗、经济、质量、安全等方面的分析、检查和模拟，为项目全过程的方案优化和科学决策提供依据；支持各专业协同工作、项目的虚拟建造和精细化管理，为建筑业的提质增效、节能环保创造条件。综合 BIM 应用的原则如下：

（1）业主主导原则

业主是建设工程项目生产过程的总集成者，同样，业主也是 BIM 在建设项目中综合应用的总组织者。尽管设计方、施工方等不同参与方根据 BIM 使用的深度和广度而获取相关利益，但业主方在工程建设中处于主导地位，是联系所有工程建设参与单位的中心。因此，要推动 BIM 技术应用，提高建设行业整体效率，需要从业主角度着手完善工程建设组织机制，特别是探索有效的业主驱动下的 BIM 实施模式。从目前国内业主驱动的 BIM 组织实施模式来看，大致可归纳为三类：即设计主导模式、咨询辅助模式和业主自主模式。业主方所主导的 BIM 项目实施框架如图 1.1-1 所示。一是在全面分析项目概况的基础上，根据建设项目具体内容与特点确定 BIM 应用目标，制定 BIM 总体目标及各阶段具体目标；二是根据已确定的 BIM 应用目标编制 BIM 实施规划，确定技术规格、组织计划及保障措施等；三是具体实施应用与评估，及时检查、监督实施效果，修正实施计划、目标。

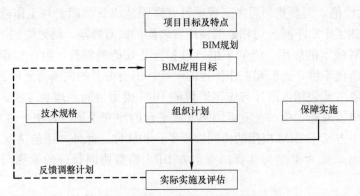

图 1.1-1　业主方 BIM 项目实施框架

（2）标准化原则

建设工程的 BIM 技术是否能在全寿命周期中发挥最大的效能，关键在于建模技术的互操作性。互操作性是指不同的系统和组织共同工作（互操作）的能力。美国 80% 的 BIM 软件工具使用者认为，要想实现 BIM 的全部潜力，软件应用程序之间缺乏互操作性成为主要的限制因素，解决"互操作性"的根本途径是信息化标准，BIM 标准主要包括 STEP（Standard for the Exchange of Product Model Data）、IFC（Industry Foundation Classes）、IFD（International Framework for Dictionaries）、IDM（Information Delivery Manual）及 MVD（Model View Definition）等相关标准，它们之间的关系如图 1.1-2 所示。此外，在 BIM 软件数据交换及插件开发中，对已有 BIM 软件二次开发的研究侧重于实现已有的非 BIM 软件与 BIM 软件之间的数据交换，以及开发 BIM 软件插件来实现软件功能的扩展。

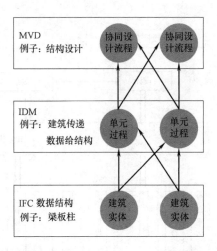

图 1.1-2　IFC、IFD、IDM 与 MVD 之间的关系

（3）过程性原则

BIM 的本质是建筑信息的管理与共享，必须建立在建设项目全寿命周期过程的基础上。BIM 模型随着建筑生命周期的不断发展而逐步演进，模型中包含了从初步方案到详细设计、从施工图绘制到建设和运营维护等阶段的详细信息，可以说 BIM 模型是实际建筑物在虚拟网络中的数字化记录。BIM 技术通过建模的过程来支持管理者的信息管理，即通过建模的过程，把管理者所要的产品信息进行累计。因此，BIM 不仅仅是设计的过程，更应该是管理的过程。BIM 技术用于项目管理时应该注重的是一个过程，要包含一个实施计划，应从建模开始。但是重点不是建了很多 BIM 模型，也不是做了各种分析（结构分析、外围分析、地下分析），而是在这过程中发现并分类了所关注的问题。其中，设计、施工运营的递进即为不断优化过程，与 BIM 虽非必然联系，但基于 BIM 技术可提供更高效、合理的优化的过程，主要表现在数据信息、复杂程度和时间控制方面。针对项目复杂程度超乎设计者能力而难掌握所有信息的情况，由于 BIM 基于建成物存在，它能承载准确的几何、物理、规则信息等，实时反映建筑动态，为设计者提供整体优化的技术保障。

BIM 在建设项目全生命周期的应用主要体现在：在规划阶段，运用 BIM 技术可以实现场地分析、建筑策划等；在设计阶段，使用 BIM 软件进行建筑、结构、水、暖、电等专业三维建模，各专业设计之间共享三维设计模型数据，加强了设计人员之间的沟通，将各专业之间可能产生的冲突提前把控，利用三维模型进行日照分析、性能化分析等保证决策的正确性，使 BIM 模型起到强化设计的作用；同时利用 BIM 技术快速计算工程量并进一步估算投资，从根本上降低投资、提高质量、缩短工期。在施工阶段，利用三维设计模型数据，进行数字化建造，对施工进度和施工组织进行模拟，提前预知在施工过程中可能出现的问题，及时改进，防患于未然。另外，BIM 技术可以为进度计划的制定、施工方案的选取、质量控制（质量薄弱点的预警）等提供一定的技术支持。同时由于 BIM 技术可视化、模拟性、协调性、优化性的特点，可以加快组织内部审核的速度，从而更好地推进项目。在项目运营阶段，BIM 技术可以进行资产及空间管理，进行系统分析和灾难模拟等，从而提高运营管理的效率，如图 1.1-3 所示。

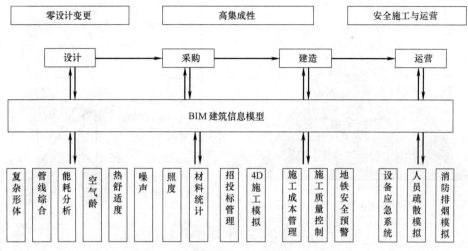

图 1.1-3　BIM 技术在全寿命周期中的应用

（4）跨组织协同原则

建筑业作为一个松散耦合的行业，跨组织关系通过项目这一载体继承并延续了建筑业的固有特征，包括割裂性、临时性和对立性。而 BIM 的核心价值在于信息，以及信息的流转和传递，即数据共享和协同工作。多专业的跨组织协同则包括阶段性和实时性协同，传统设计中多专业配合为阶段性协同，即通过特定时间的"对图"描述和解决设计冲突。而基于 BIM 的三维协同则侧重于解决二维技术难以解决的设计进度、技术和局部的协调性问题，实现精细设计、采购和管理。通过综合 BIM 应用，使得建设项目各个参与方基于 BIM 模型进行项目信息共享和协作，且不同组织、不同专业及不同阶段均使用兼容度高的 BIM 软件，例如：设计方的交付物由 BIM 模型代替 2D 图纸，总承包方接收设计方的 BIM 模型进行施工安排和指导，并在设计模型的基础上进行信息的维护与更新，最终模型可用于竣工阶段，各参与方均使用互操作性较强的 BIM 软件，从而保证 BIM 模型完全共享。

1.2　BIM 与协同管理

1.2.1　BIM 的跨组织特征

（1）建设项目应用 BIM 的跨组织关系

跨组织关系，是相关的组织之间由于长期的相互联系和相互作用而形成的一种相对比较稳定的合作结构形态。随着 BIM 在全球的广泛扩散和应用，BIM 的应用对建筑业产生了一系列的影响，如基于 BIM 的跨组织跨专业集成设计、基于 BIM 的跨组织信息沟通、基于 BIM 的跨组织项目管理、基于 BIM 的生产组织及生产方式、基于 BIM 的项目交付、基于 BIM 的全生命周期管理等。相比 2D CAD 技术，这一系列的影响均具有跨组织特性。BIM 的成功应用需要打破项目各参与方（业主、设计方、总承包方、供货方及构配件制造方等）原有的组织边界，有效集成各参与方的工作信息。Tayor 和 Levitt 认为，BIM 情境下，设计方、总承包方、供货方、构配件制造方及相关建筑业企业间相互依存形成的项目网络可以通过合作共同创建虚拟的项目信息模型。而建模技术作为 BIM 的基本内涵，具有参数化、多维性、一致性和可协作性等技术特征，因此，BIM 能将异构的、没有联结的建设项目各参与方通过一个共享的数字化基础平台联结在一个协作环境中。Harty 通过实证研究表明 BIM 应用在明显改变单个组织活动方式的同时，也会给项目其他参与方之间的沟通方式、权责关系以及整个行业的市场结构带来巨大变革，且 BIM 的成功应用往往需要企业内部各部门、项目各个参与方乃至全行业各类从业人员的共同努力。

(2) 建设项目的跨组织关系对 BIM 的影响

随着 BIM 技术在建设项目应用过程中暴露出的组织问题日显，近年来亦有越来越多的研究开始关注于建设项目跨组织特征对 BIM 技术应用的影响作用。Taylor & Bernstein 对 26 个具有 BIM 技术应用经历的公司进行的调查分析发现，理解并变革建设项目组织中的跨组织工作流程对 BIM 的成功应用具有极大的影响。Taylor 和 Levitt 对不同 BIM 相关软件应用情况的比较分析亦表明，BIM 技术与现有项目组织分工结构的匹配程度、成员间关系的稳定程度、项目成员对项目整体利益的尊重程度以及项目组织结构调整驱动者的存在等因素均会显著影响到 BIM 这一跨组织性技术的应用效果。Dossick & Neff 对两个商业建筑项目的 BIM 应用进行了案例研究，并对 65 位行业参与者进行了调查研究。结果表明，单纯的 BIM 应用尽管能够使各项目参与方在技术上联系更加紧密，但即使引入了 BIM，项目参与方之间的组织分割问题并没有得到解决，这极大地限制了 BIM 的有效应用。Howard 和 Björk 就 BIM 技术的应用问题对行业专家进行的问卷调查表明，BIM 应用绩效的取得在较大程度上会依赖于建筑业交易方式，且建设项目团队中需要有专门的角色来进行信息管理，当前 BIM 应用仍然存在诸多问题，业主方被视为解决上述部分问题的关键。Hartmann & Levitt 则采用人种志的研究方法对纽约市某大型建设项目的 BIM 应用情况进行了为期一年的考察，研究表明，现有的战略层面自上而下的建筑业创新模式理论需要加入项目操作层面自下而上的创新实施模式。Arayici 等的研究支持了 Hartmann & Levitt 的观点，并进一步指出，BIM 技术的有效应用需要进行相关项目的示范并对现有项目组织进行合理再造。Adriaanse 等通过调查研究分析了 BIM 等跨组织性信息技术应用的主要障碍并提出了相应的解决方案：增进个人使用信息技术的动机，增强使用信息技术的外部动力等。他还构建了影响建设项目跨组织信息技术应用的概念模型，研究表明，项目参与成员的分散性、项目的临时性、项目参与成员之间各自不同的工作方式及目标等因素会显著影响到项目成员对 BIM 等跨组织信息技术的应用。Jacobsson 和 Linderoth 将环境、项目参与者以及技术本身之间的交互作用引入了建设项目信息技术采纳及应用过程的分析之中，对 BIM 技术在瑞典某大型建筑承包商中的应用进行了分析，研究表明，建设项目的临时性组织特性与 BIM 技术所协调的变更流程具有高度不确定性这一特性存在着根本性冲突，从而严重阻碍了 BIM 的有效应用。相关行业研究报告亦强调了现有建设项目组织因素对 BIM 应用的阻碍作用。2007 年，斯坦福大学设施集成化工程中心（CIFE）、美国钢结构协会（AISC）及美国建筑业律师协会（ACCL）联合主办了 BIM 应用研讨会并发布了相关研究报告，指出传统的建设项目组织模式对 BIM 应用造成了很大阻碍，包括对 BIM 应用缺乏激励措施、不能有效促进模型在建设项目组织间的信息共享等；2008 年，CIFE 在对全球 34 个应用 3D/4D 项目的调研报告中再次强调，传统的建设项目组织结构和分工体系导致的建设项目组织间较低的协同程度是阻碍 BIM 应用的重要原因；2008 年，美国 McGraw-Hill 公司发布的年度 BIM 调查报告亦指出，僵化的建设项目组织流程和建设项目组织间缺乏必要的激励措施已成为 BIM 应用过程中的主要障碍之一。亦有部分学者开始强调 BIM 对建设项目组织的影响作用，进而试图描述 BIM 技术与建设项目组织之间的互动关系。Boland 等认为 BIM 的应用环境是建设项目这样一个异质化、分散化的技术社会系统，技术变革必会导致技术、流程、结构、战略等诸多方面的复杂类型创新。以此为视角，作者研究了行业内 BIM 技术应用典范 Frank Gehry 设计公司对 BIM 技术的采纳过程。研究表明，Gehry 的 BIM 技术应用破坏了原有的建设项目组织交互生态并激发了众多建设项目中各类不同企业的许多其他类型创新，每一个创新均产生了一条创新轨迹，这些创新轨迹共同构成了一幅具有众多未知起伏的复杂创新蓝图，作者由此而形成结论，在建设项目这一分散化系统功能构建过程中，处于中心地位的 BIM 技术能够在建设项目组织各参与方之间促进众多技术、工作流程及知识方面的创新，且这些创新各自遵循着自身特定的节拍及轨迹。Taylor 对 13 家设计企业及 13 个施工企业就 BIM 技术的应用问题进行了调查分析，结果表明，BIM 这一跨组织性技术会对原有的设计-施工组织模式产生较大影响，其成功采纳和实施需要妥善处理好项目组织中相关界面的技术、任务分工及组织问题。

(3) 社会学角度的 BIM 跨组织特征

更多的学者则借助于社会学的相关理论及概念来分析建设项目 BIM 技术与组织之间的互动关系。Linderoth 借鉴行动者网络理论的相关思想，将 BIM 的采纳及应用视作行动者相互关联以形成建设项目的过程，并揭示了 BIM 采纳及应用过程中驱动及阻碍行动者网络形成的机制，其通过对瑞士某大型建筑企业的案例分析表明 BIM 软件的渐进性使用与建设项目组织环境的相关特征是协同的，但环境也会限制其使用过程；然而，考虑到建设项目的分散性特征，维持及重构 BIM 应用的环境会遇到许多问题，当业主方和政策制定者意识到 BIM 使用的优势之后，由于行业特征导致的上述障碍会得到缓解。Fox 分析了批评现实主义在分析建设项目 BIM 技术应用过程中组织与技术间互动关系的潜在及实际应用，表明了相关应用的可行性。Harty 通过对希斯罗机场 T5 航站楼的 BIM 技术应用的案例研究，证明 System Building 及 Heterogeneous Engineering 这两个技术社会学概念在分析 BIM 技术与组织间互动关系方面是有效的，并表明 BIM 的应用不仅包括流程及组织系统的转变，也包括技术本身的潜在转变。随后，Harty 又尝试运用相对边界及行动者网络理论等概念及方法来分析 BIM 技术应用项目中技术与组织之间的交互关系。应当注意到，由于 BIM 在行业内得到成熟应用的时间仍相对较短，相关研究仍处于起步阶段，在分析 BIM 技术对建设项目组织的影响方面，绝大多数研究仅停留在分析单个项目建设期内组织与 BIM 技术间的渐变性互动，尽管相关调查研究表明学术界及实践界已普遍意识到 BIM 技术的应用需要集成化的建设项目组织环境，并会引致建设项目组织的集成化（包括企业纵向一体化及集成化项目交易模式等）发展趋势，但目前尚鲜见研究探讨 BIM 技术影响建设项目组织集成化发展的具体机制。

总之，纵观几乎所有产业的特点，信息技术和组织的业务流程可以理解为存在一种共生的关系，通过它们共同发展，影响彼此（图 1.2-1）。在过去的十年中，通过组件化和面向服务的技术供应商正越来越多地成为"随需应变的业务"，试图实现面向整个供应链所有环节的资源整合，使解决方案在跨组织流程中进一步模块化，适应性变得更加灵活，更能够围绕现有的业务流程进行调整。在 AEC/FM 行业，要想实现长远的发展目标（例如 IPD），必须进行 BIM 技术和业务流程的转变，靠单一企业的力量已经很难适应 BIM 的发展要求。

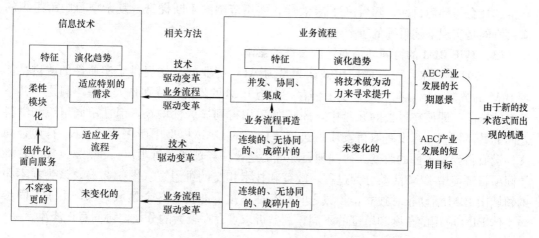

图 1.2-1　信息技术与业务流程的共同演化过程

1.2.2　基于 BIM 协同管理的内涵

（1）协同的定义

"协同"（Collaboration）一词最早源于古希腊，通俗地讲就是协调合作。"1+1>2"是对协同概念最通俗易懂的解释，Ansoff（1979）从经济学意义上借用投资收益率确立了"协同"的含义，即为什么企业整体价值有可能大于各部分价值的总和，形成协同效应。可以这样说，协同的定义往往限定于一个特定的环境，协同涉及两个或两个以上的人（或个体）彼此之间交互，为了实现共同的工作目标，从事单一事件或一系列工作的活动。但需要注意的是：信息不充分、信息缺失或信息扭曲都会引发协同方面的问题，信息不完全或不对称加大了行为与决策过程的不确定性。因此，提高信息处理能力、信息集中和信息共享是协同战略或协同机制中不可缺少的组成部分。需要指出的是，协同与信息共享不同，信息可以共享，但信息共享无法依据激励、目标和决策加以结合（根据制定的契约加以约束），而协同却包含这些因素。所以，将 BIM 与协同的结合使得建筑行业提升工作效率成为可能。

本书中所指的协同管理即建设工程项目中参与各方构成一个复杂社会网络，由于彼此之间的相互协作与竞争，在共同实现项目交付以及各自战略目标的基础上，充分利用 BIM 管理手段，建立合适的网络组织动态合作关系，在长期激励机制的保障下，依托知识扩散与技术协同来实现信息共享，实现利益与风险合理分配，所形成的工程项目管理系统内在特定规律性机制。

（2）基于 BIM 协同管理的必要性

近年来管理学领域中许多学者在学科交叉、系统及复杂性等研究方面达成共识，认为协同已经成为现代企业管理的必然趋势，已成为企业系统自我完善、发展的根本途径。在工程建设领域，随着经济发展和信息通信技术（ICT）的进步，项目管理系统所具有的规模大、层次多、参与方多、分工细、工程复杂、目标多样、信息量激增、过程性等特征越来越明显，属于典型的复杂系统工程，需要有关政府部门、民众及工程参与方等众多参与主体及众多资源共同参与和密切协作。建筑行业通过交付复杂的项目来满足利益相关者的经济、社会与环境目标，随着ICT有效性和使用范围的不断提升，复杂项目中跨组织的有效协同是实现上述目标的重要途径。

(3) 基于BIM的协同环境对协同管理的影响

自2003年以来，BIM的使用被认为是为AEC行业的合作提供了实质性的改进。使用BIM的数据显示，在一定程度上仍存在实施BIM的障碍，特别是大规模学科之间共享信息的缺陷。即使在过去的几年中，BIM的采用得到显著性增长，但在不同组织和学科之间的共享模型一直没有取得实质性进展，传统的CAD模型中所表达的AEC行业合同文件没有得到根本性的改变，协同项目环境的建设任务仍然非常艰巨。Succar（2009）将协同项目环境中BIM活动分为过程、政策和技术相交的维恩图（图1.2-2），认为在不同的领域中BIM活动相对独立，领域之间交互性不足，即使在各个领域内部，由于不同参与主体BIM应用的角度和范围的不同，利益诉求点存在较大的分歧，协同意识淡漠。

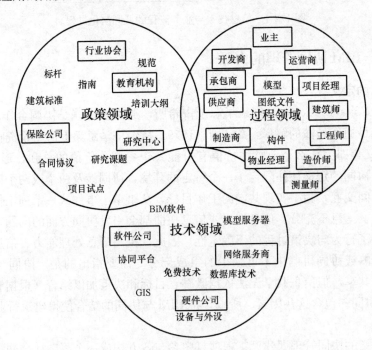

图1.2-2 协同项目环境中BIM行为的交互

在通过针对早期的BIM采纳者一系列的访谈发现，几乎所有的受访者均认为，在大多数情况下，BIM模型文件共享仍然被传统的2D文档限制，虽然BIM软件在未来将继续增长和持续使用，但仍面临很多挑战，其中就包括大多数业主或客户缺乏相应有关BIM的知识和经验。此外，许多受访者还表示，越来越多的工作绩效与自己学科之外整个系统开发的期望值息息相关，不同专业之间的工作协同显得越来越密切，例如，建筑机械专业设计师如果需要开发一个建筑信息模型，当他们在设计开发的基础上，通过计算来确定空间体积时，可能需要一个产品构件之间的文件共享，或期望增加不同学科之间的合作，以提升对模型的理解水平。如果行业能够更好地利用跨组织 BIM 增强协同工作，必将极大地缩短设计与施工过程，有助于提高建设项目的整体设计与施工质量，促进项目不同专业之间的交叉与合作。

（4）基于 BIM 跨组织协同效应具有差异性

在不同项目应用过程中，BIM 的应用范围、应用阶段、应用技术、应用组织及应用方式等都会有所不同，从而对跨组织协同的要求是不同的，这会引起 BIM 跨组织协同效应的差异性。要有效实现基于 BIM 的协同效应，项目各参与方需要加强跨组织间功能活动的协调与管理。同时，Taylor 也强调，不同项目参与方有着不同的 BIM 应用范式（Paradigms），项目各参与方的跨组织范式实践的差异性也将增加 BIM 跨组织协同效应的差异性。

作为建筑业的跨组织技术，在建设项目中应用 BIM，权力较大的一方（例如业主）可以激励或是强迫其他参与方采用 BIM，但却无法命令项目其他参与方为 BIM 成功应用相互合作或相互配合。如何鼓励建设项目各参与方有效应用 BIM，成为 BIM 情境下建设项目管理的重要议题之一。Mariotti（1999）认为跨组织技术无法成功应用的原因不在于技术或软硬件设备，而是各参与方之间缺乏信任。Ito 和 Salleh 指出通常各个组织的业务往来大多凭借着正式的契约关系，资源和信息共享的观念淡薄，导致各个组织只追求各自的最佳效益，而无法达到整体性的最佳效益。因此，要正确认识 BIM 情境下的协同效应的差异性必须认真考虑建设项目各参与方的跨组织合作关系。

1.2.3　基于 BIM 协同管理的意义

BIM 从本质上是将建筑对象在虚拟世界进行数字化描述，与现实世界一样，同样需要建设项目的各个参与方共同完成模型。BIM 模型通过统一的数据库，可以让同一组织的不同专业，或不同的参与方基于同一个基础模型进行信息沟通与交流。从建设项目全生命周期的角度看，不同阶段、不同参与方通过基本模型获取其所需的信息来完成与自己相关的模型工作，并通过可交互的数据格式将各自的成果反馈到基本模型中，实现建设项目生命周期管理。

广义的 BIM 已经超越了最初的产品模型的界限，正被认同为一种应用模型来进行建设和管理的思想和方法，这种新的思想和方法将引发整个建筑生产过程的变革，越来越多的国家政府或地区开始制定 BIM 技术实施政策，来促进 BIM 在行业内的应用。而面对项目复杂化的发展趋势，构建有效的工程项目管理协同机制，能够为组织管理实践提供有效的工具和指导，从而提高项目的成功率。开展基于 BIM 建设项目协同管理的研究和探索，为当前环境项目管理者进行项目组织间管理提供了切实可行的平台和指南，有助于提高项目管理效率和效益，有助于改善对抗性的项目管理环境，达到风险共担、利益共享，更好地实现项目目标，因而具有一定的实践指导意义。

（1）组织运行层面的意义

BIM 作为建设项目信息共享中心，更是团队成员的合作平台。首先，基于 BIM 合作平台，项目成员可以实现信息的及时交流和在线通信，避免合作在时间上和空间上存在隔阁，有利于组织效率的提高和合作气氛的形成。其次，应用 BIM 可以避免设计和施工信息的分离，使分离的信息集合起来，集中存取、统一管理，通过设计考虑施工的可行性来提高设计与施工的协调度和受控度，降低现场操作难度。最后，基于 BIM 协同应用的工程项目交付和运营，在海量的信息支撑下使得交付流程和运营工作变得简化、高效；可以克服传统模式下交付过程二维图纸抽象、不完善、信息存储分散无关联的缺点，建筑设施的空间位置、数量大小、使用性能等基本信息得到了很好的集成，避免了交付时项目信息的缺失和离散。

（2）技术支撑层面的意义

BIM 协同应用支持多项设计与施工整合技术的实现。首先，基于业主需求，BIM 可实现精益建造建筑、结构、装饰、机电等设计过程的高度集成，使专业工程师能够在同一平台上同时进行设计工作、消除模型冲突。通过场地分析、方案论证、可视化管控、动态优化来避免重复设计、减少设计变更和大量返工。其次，BIM 的 VDC 技术及匹配软件可实现精益建造的建筑性能、碰撞检测、规范验证、系统协调等可视化分析，在信息完整的设计模型上模拟现场施工。最后，利用 BIM 的直观虚拟动画，可提前安排施工场地布置、具体施工操作演示，实现施工流程与关键工序在设计阶段的优化及改进，减少施工阶段的浪费。总之，BIM 能够按照顾客的需求协同应用于设计与施工的整合，使设计流与施工流得到持续优化，实现价值链的不断增值。

1.3　BIM 与 IPD

1.3.1　IPD 的涵义与特征

（1）IPD 的内涵

IPD（Integrated Project Delivery，集成项目交付）是一种集成形式的项目交付模式，与传统的 DB、DBB、CM 等交付模式不同的是，在 IPD 模式中至少要由业主方、设计方和施工方三个主要参与方共同签署一份协同合作的契约协议，该协议规定各参与方的利益和风险是基于共同的项目目标而统一的，并且各方都要遵从契约中关于成本和收益的分配方式。以这种关系型合同为特征的 IPD 模式是一种能够集成项目所有资源、考虑合同全过程的项目交付方法，而且体现项目各参与方朝着同一个项目目标努力、争取利益和价值最大化的合作理念，而不是一种正式的合同结构形式或者一种标准的管理范式。IPD 倡导项目主要参与单位在项目早期就成立团队（至少有业主、设计方和施工方三方参与），该团队在项目的初期就进行各方的协同工作，如协同设计、挑选合作伙伴等，这种合作大大减少了传统模式中出现的浪费；各方共同签订的多方协议围绕项目整体目标，促使项目各参与方协同进行资源管理、成本管理和风险与利益管理，提高了管理的效率和效益。

IPD 不仅仅考虑项目产品，而且更加关注项目的合同过程以及合同过程中各参与方之间的关系，换句话说，IPD 强调项目整体的策划、设计、施工和运营的综合流程。实践证明，当业主、设计方和施工方彼此之间形成了更加流动、互动、协作的工作流程时，IPD 才最容易成功。因此，采用 IPD 模式必定要重新考虑项目中核心工作的流程，改变项目中主要参与方的角色定位以及彼此之间的关系，即 IPD 需要打破各个参与方的工作责任界限和设计工作的范围界限。对于业主来说，成功地使用 IPD 模式需要一定程度的经验和合作意愿，而 IPD 也并不会比传统的交付模式需要更多的资源，并且业主的早期介入可以令其在设计阶段就能亲身参与体验。对设计方而言，IPD 打破了其设计工作的界限和顺序，他们可以从一些繁琐的传统事务中（如施工资料的发布、合同审批、招投标、与施工方沟通等）节约出更多的时间来进行设计的推敲，以保证施工方能够提前预计成本。对施工方而言，早期的介入设计和彼此之间透明公开的协作方式能够减少其预算过程中的不确定性，保证了其预算的准确度。

通常项目（企业）选择 IPD 模式有以下五种动机：

第一，赢得市场（竞争力）。企业使用 IPD 的经验和对交付方式（产品）的改善能够为企业在行业竞争中取得领先提供优势。而对于多项目的业主来说，可将一个 IPD 项目节约的费用平衡到其他项目中使用。对于医疗保健行业，IPD 有可能成为一种理想的标准交付方式。

第二，成本的可预测性。每个项目都不想其最后的成本超过合同的预算，因此，IPD 模式下成本的可准确预测性是一些企业或者项目选择 IPD 模式的一个主要驱动力。

第三，工期的可预见性。类比于项目的成本，每个项目也不想超期，但是工期因素仅仅是一些企业或者项目的主要考虑因素。

第四，风险管理。项目的风险通常被认为是项目工期和成本风险，但其可能会包括与项目类型、项目位置等其他因素相关的交易风险。如果风险管理是企业或者项目主要考虑的因素，那么 IPD 模式下各参与方之间更多的交流会成为一种特殊的优势。

第五，技术的复杂程度。技术有一定复杂性的项目需要专业的综合集成和一定程度的协同性，这些要求在 IPD 的环境下可以被满足。

（2）IPD 模式的特点

1）在管理层面的特点

第一，各主要参与方都是项目的领导者。

IPD 项目的牵头人（Champion）大部分是业主，但也有可能是其他参与方的各种组合。典型案例中譬如 Cathedral Hill Hospital 项目是由业主和施工方牵头，Lawrence & Schiller Remodel 项目是由除了业主之外的集成小组（Integrated Team）牵头，而 IPD 项目中每一方都是项目的领导者，只要该方对项目的实施有任何意见和建议都可以站出来"领导"，这也是 IPD 项目各参与方地位平等的体现。

第二，集成式的项目团队结构。

大多数的 IPD 项目在项目团队结构上都采用集成式。如 Walter Cronkite School of Journalism 项目采用的执行委员会，St. Clare Health Center 项目团队结构形式是高级领导小组、核心团队和 IPF 团队，而最早的 IPD 项目 Sutter Health Fairfield Medical Office Building 项目是将团队结构划分为三个层次：集成项目团队（IPT，Integrated Project Team），更高层次的核心团队（Higher Level Core Team），执行层次委员会（Executive Level Committee），其均由三方代表组成，只是代表层级不同，解决项目中不同层次的问题。SpawGlass Austin Regional Office 项目则是采用协同项目交付团队的形式（CPD，Collaborative Project Delivery）。

第三，运用精益建造等的管理工具。

在 IPD 项目的实施过程中，处处都能看见精益管理工具的使用，如最后计划者体系（LPS，Last Planner System），拉动式的管理（Pull）等。IPD 模式和精益管理都强调创造价值和减少浪费，IPD 模式为精益管理思想在施工项目中的使用提供了平台，而精益管理工具又为 IPD 项目的成功提供了保障，因此二者是相辅相成的关系。精益工具的使用能够帮助 IPD 项目团队的协作和决策，如 MERCY Facility Master Plan Remodel 项目采用了最后计划者体系，促进了项目的沟通和责任的追踪，同时有助于监控项目实施的有效性。Encircle Health Ambulatory Care Center 项目中设计文件的交付采用"Just-In-Time"的方法，交付的设计文件是连续的，并且是在设计方和施工方认为合适的时刻交付。

2）在交流层面的特点

第一，各参与方提早介入项目。

各参与方提早介入项目是 IPD 最突出的特点之一，在 IPD 项目中，主要参与方甚至一些主要的水电暖的分包商在方案设计阶段就参与到项目中，这要比传统的 DBB 项目早许多。相关 IPD 案例中，以从 Sutter Health Fairfield Medical Office Building 项目中得到的经验和教训来看，分包商的专业工程师提早介入项目能够充分发挥其专业优势，为建筑设计师提出专业上的意见，预见施工过程中可能出现的状况，如碰撞等。该项目初期并没有让幕墙分包商提早介入，而施工方认为幕墙的分包商也应当提前介入。Encircle Health Ambulatory Care Center 项目中，早在方案设计之前，机电、水暖、防火和幕墙的分包商就签署了共同的协议并参与到金钱激励机制中。MERCY Facility Master Plan Remodel 项目在进行设计标准的制定时就已经有分包商的参与，这使得项目容易达成目标的统一、培养各方的领导意识以及帮助各方在项目初期就形成互相信任的伙伴关系。

第二，由主要参与方共同参与决策，对项目进行控制，共同改进和实现项目目标。

IPD 模式要求各主要参与方（有时也会包括分包方）共同进行项目目标和标准的制定，以保证各方平衡决策，提高项目的效率和效益，增强各方之间的信任感。在 Sutter Health Fairfield Medical Office Building 的项目中，每一房间的物理数据和性能描述都成为项目股东决策的依据，其对项目的变更分为明确的六种情况，到了项目最后，所有的项目变更都是业主发起的。该项目在决策中得到的经验是业主方必须从一而终地贯穿整个项目，在项目中间更换项目经理会导致项目决策的低效。MERCY Facility Master Plan Remodel 项目中各方都有参与设计标准的制定，使得项目容易统一项目目标，增强了各方之间的信任程度。Cathedral Hill Hospital 项目在决策中采用了精益 A3 报告法和依据优势选择法（CBA，Choosing by Advantages）。

3）在工作环境和工作技术层面的特点

第一，协同工具与协同办公（Co-location）。

IPD 项目经常会采用 BIM 和 VDC 这种三维建模工具和虚拟建设的技术，其使用能够为各方的协同合作和早期介入项目提供空间与平台，而这些工具的使用也需要 IPD 各方的共同参与。大多数 IPD 项目也会要求各主要参与方在同一间办公室办公（Big Room），这能够有利于问题的及时解决，提高决策效率。

Sutter Health Fairfield Medical Office Building 项目使用了 BIM，其施工总包方最后的经验总结为，在今后的项目中要使用具备 BIM 能力的管理者，并且强制要求分包商代表参加工程的进度例会。Edith Green Wendell Wyatt Federal Building Modernization 项目中，BIM 和协同办公的结合促进了设计协调，使得项目的问题在几分钟内就能够得到解决。Cathedral Hill Hospital 项目自定义了一个 VDC 文件，明确阐述了建模、协调和共享 BIM 模型的流程和各方权责。

第二，信息交流共享的网络平台。

大多数的 IPD 项目为了实现信息的共享与交流都建立了自己的网络信息平台，并取得了良好的效果。Sutter Health Fairfield Medical Office Building 项目中，施工方建立了一个项目信息共享和流程审批的网站平台，使得设计审批的无纸化率达到了 50%，而这种方式也使设计方和分包商可以进行直接的交流。另外，在 IPD 模式下，建设项目的会议次数也会增加，以达到交流的效果。如 Cathedral Hill Hospital 项目中有每周一次的核心小组会议、每一周或两周的 IPD 小组会议，每天的群体会议以及一些特殊的会议等。而 MERCY Facility Master Plan Remodel 项目中也提到了参与会议的人员比传统交付模式要多方化，其在一个比较高的程度上达到了信息的交流与共享。

另外，几乎所有的 IPD 项目案例中都提到，主要参与方形成联合体后再进行合作伙伴的选择时比较倾向于原先合作过的伙伴，这样彼此之间比较熟悉，有过成功的合作经验更加能够促进相互信任和坦诚。

1.3.2　BIM 与 IPD 的关系

实现项目利益最大化是 BIM 实施和 IPD 模式下共同的目标，即为满足业主对建设项目形式和功能的要求，尽可能使所付出的投资符合预期价值，能在最短时间内完成，能有更好质量和性能的产品。为实现这一系统性目标，需要在进行建设项目前期，通过合适的方法让项目各参与方充分理解设计意图，在业主及相关方对产品的设计成果充分认可之后，再进行后续的实施环节。BIM 技术可在项目实施前将项目设计成果进行多维可视化仿真模拟，并通过与建筑性能分析工具的集成，对设计方案在建筑能耗、建筑环境（光环境和声环境）和后期运营管理方面进行虚拟仿真分析，进而对设计方案进行优化。这样 IPD 团队在设计阶段就集成了设计、施工以及运营的团队，事先将后续环节的需求体现在设计成果中。

BIM 是 IPD 模式最有效的支撑技术与工具，BIM 可以将设计、施工以及生产加工等信息集成在一个数据库中，为项目各阶段、各参与方提供了一个可视化协同平台。另外，在项目运营阶段，该数据库可继续为项目的运营管理方提供服务，对建筑性能进行监测、对设施设备的运行维护进行管理以及对资产进行管理。

1.3.3　IPD 实施合同条件

工程项目建设是以合同为基础的商品交换行为，合同是项目各参与方履行权利和义务的凭证。传统建设模式下，项目各参与方之间的合同多采用以"零和"博弈为特征的合同模式，即一方利益的增加往往是以另一方利益的减少为结果，这种合同从本质上体现的是利益相关者之间的对立关系，这导致了项目利益相关者之间的目标不一致。而 IPD 模式下的合同条件，则是以委托代理理论与合作博弈理论为工具，对传统的合同模式进行重新设计，旨在使得各方能在 IPD 模式特点和需求的合同框架下以项目利益为重，加强合作，共享利益和共担风险。

（1）IPD 合同类型

IPD 项目中，项目团队应在项目早期尽快组建，项目团队一般包括两类成员：主要参与方与关键支持方。在这样的团队组成模式下，IPD 合同类型主要有四种：集成协议、ConsensusDOCS300、AIA C195（Single-Purpose Entity，SPE）、AIAC191（Single Multi-Party Agreement，SMPA）。根据 David 和 Burcin 调查结果表明，AIA 合同（AIA C195 和 AIA C191）是最普遍采用的 IPD 合同类型，采用比例大约为 28.7%，其次是 IFOA 多方协议，采用比例大约为 15.7%，而 ConsensusDOCS300 的采用比例大约为 5.6%，还有 21.3% 的受访者使用过其他形式的 IPD 合同，剩下的 28.7% 则没有使用过相关的 IPD 协议。

这四类合同针对 IPD 项目中的决策制定、目标成本、利润获得方式、变更管理以及风险分担等方面都有相关的合同条款，虽然不同的合同形式下这些条款存在不同，但是它们共同的目标和宗旨都在于加强团队协作，降低目标成本，以及实现风险的分担和利益的共享。

1) IFOA（Integrated Form of Agreement）：IFOA 使所有参与方捆绑在一个单一协议中，并且要求他们共享风险和收益。它的主要目的是通过一个项目的合作性设计、建造和试运营来促进项目整合。

从决策制度看，整个项目由包含业主、设计方以及施工方等成员所组成的核心团队负责管理，并按照全体通过的原则制定决策。核心团队接受来自指定高级管理代表提供的高级管理支持，高级管理代表也负责解决争议。核心团队负责确保项目具有管理及执行的可交付成果，并负责变更单的审批。

从目标成本制定看，在 IFOA 中目标成本不是一个有约束力的合同价格，是用来指导 IPD 团队的一个设计标准，通过设计阶段来确保业主的利益。目标成本在早期设计中就确定，并与目标价值设计方案相一致。目标成本的确定是根据 IPD 团队对于业主预算的确认，由 IPD 团队通过确认得到的设计和施工的预算造价成为预期成本。根据设定的预期成本，IPD 团队将目标成本设置为一个可伸缩的目标来鼓励设计创新。当核心团队任务设计足够完整，IPD 团队提出一个最高保证价格（Guaranteed Maximum Price，GMP）的提议，最高保证价格成为决定最终项目成本是否带来奖金或来自利润共同资金的风险分担。

从利润获得方式看，设计方的费用支付按照实际工作时间，并按照"IPD 团队风险资金计划"在实际工作成本与利润之间分配，利润的全部或部分作为 IPD 团队风险资金。施工方的报酬、实际工作成本及服务费用，全部或部分作为 IPD 团队风险资金。对设计方和施工方而言，倘若项目实际成本超过最高保证价格，业主从 IPD 团队风险资金中扣除超支费用，一旦风险资金用尽，业主则承担所有额外成本；反之，设计方和施工方将有权按照一定比例成本结余来增加风险资金，这取决于 IPD 团队风险资金计划的运作方式。

从变更管理看，目标成本和最高保证价格中包括一个"IPD 团队意外开支"来解决最高保证价格中没有预料到的可补偿成本，如设计错误和遗漏；核心团队控制团队意外开支的利用，除了在 IPD 团队风险资金计划中提供的资金外，未用到的意外开支则归还业主。只有以下情况才会增加预期成本/目标成本/最高保证价格：①业主指定的工程范围变更；

②管制机构要求的变更没有被合理推理；③现场条件的不同；④可补偿的延期；⑤最高保证价格确定后法律法规的变化；⑥业主不正当的行为或不作为所导致的团队额外成本的增加；⑦非 IPD 团队错误所导致的不可避免的伤亡。合同工期的变更被认为是可补偿的以及可允许的，可补偿的延期是由业主错误的行为或不作为所引起的，可允许的延期是由无法控制的、并非由于项目经理/施工方的失误或忽略所导致的延期。

从风险分担看，设计方和施工方有在违背合同、人身伤害、财产损失等方面向业主赔偿的义务。设计方、项目经理/施工方以及其他参与 IPD 团队共同风险资金的各方的所有责任被限制于可在共同资金中获得的资金数量，下列情况无责任限制：①赔偿金所覆盖的范围；②欺骗或故意的不良行为；③对非 IPD 风险资金团队成员单位的分包商不利的；④对IPD 风险资金团队成员单位不利的罚款或罚金；⑤放弃项目的 IPD 团队风险资金成员。

2）ConsensusDOCS300：这个协议要求业主、建设方和承包方达成一个三方协议，并尝试使各方在项目设计和建造过程中共享一定的风险和收益来实现各方利益的一体化。

从决策制度看，项目管理小组有最终决策制定权。决策制定鼓励项目管理小组成员一致通过，若无法达成一致则由业主决策，但是涉及生命、安全、财产以及需要设计专家决策的问题由设计方决策。项目管理小组得到来自项目协作交付团队的协助。项目管理小组为项目协作交付团队设置了关于整个项目计划、进度、合作以及变更的例会制度。

从目标成本制定看，项目目标成本估算完全依据施工文件，由业主、设计方和施工方共同进行，并在项目管理小组通过后在一个修正案中提出。在项目目标成本估算确定之前，施工方为所有阶段提供即时费用模型，费用模型由项目管理小组根据实际情况进行审核。如果提议的项目目标成本估算超出了项目预算，则业主可以增加项目预算或终止项目，或项目管理小组可以批准重新投标或协商，或项目管理小组可以指挥项目协作交付团队提供价值工程以及重新设计使项目目标成本估算与项目预算保持一致。

从利润获得方式看，设计方和施工方的报酬按照传统方式即按照实际成本支付，遵循激励以及风险共担原则，并考虑因非错误原因导致的设计变更及项目延迟。项目管理小组负责制定一个经济激励计划来奖励项目协作交付团队达到项目预期标准，包括成本、质量、安全、进度和创新等方面。如果项目实际成本少于项目目标成本估算，项目各方按照一定比例或其他一致通过的方式共享结余；若超过项目目标成本估算，业主承担全部费用或各方按照商定的比例共同分担额外费用。

从变更管理看，变更指令包括工作范围的变更、项目目标成本估算及合同工期的变更，它们必须书面标明并由项目管理小组批准。除以下情况外，变更指令按照传统方式：①工作范围的材料变更；②监管机构要求的变更；③选址的变更；④可补偿的延期；⑤业主应承担责任的索赔。影响项目目标成本估算或合同工期的工作内容、工期或工序的变更，施工方可以提出要求，或者由业主命令。变更指令通过业主和施工方之间的协商达成，业主可能在与施工方就变更问题达成一致之前发布一个书面的过渡变更指令，如果施工方同意，则发布变更单，如果他们对提议的变更存在怀疑，业主支付施工方预计成本的50%，并将争议按照争议解决程序处理。项目管理小组每月执行一次根本原因评估来决定被承认的变更指令是否应该带来项目目标成本估算的调整，项目管理小组关于是否调整项目目标成本估算的决定直接影响项目各方是接受奖金或是分担亏损。

从风险分担看，业主、设计方和施工方之间有各自比较严重的错误所导致的人身伤害和财产损失向彼此赔偿的义务。项目风险分担有两种方式：①安全保护决定；②传统风险分担方式。无论哪种选择，都可就间接损失向彼此放弃索赔。

3）AIAC195（Single-Purpose Entity，SPE）

这个协议要求有限责任公司由 5 个或 5 个以上的奇数个成员组成，成员来自各个参与方，其中业主方代表比非业主方多一个，并且董事会主席由业主方代表担任。

从决策制度看，有限责任公司的决策由董事会制定。授权以及批准需要董事会的一致通过，除非在协议中明确规定需要多数投票通过的情况。有限责任公司也会成立项目管理团队，由来自每方的一个代表组成，也可以选择非 IPD 成员的项目参与者。项目决策需要项目管理团队成员的一致通过，如果无法达成一致，则提交董事会设置争议解决程序。

从目标成本制定看，目标成本的制定在设计阶段结束之前完成，协议规定目标成本由成员共同提出，但是项目经理是其实施过程的首要负责人，并与业主以及设计方协商。项目经理和设计方达成一致后，将目标成本提交给业主，由业主决定是否通过。如果目标成本被接受，则执行目标成本修订方案，目标成本仅在有限情况下通过编制修正案来调整；如果业主反对，设计方、项目经理、业主以及其他参与方则修正项目定义和进度，以此来达到目标成本的一致；若无法达成一致，则有限责任公司解散，协议终止。

从利润获得方式看，有限责任公司的非业主成员就项目过程中的直接成本和一定比例的间接成本根据每个成员与有限责任公司分别签订的协议得到报酬。利润的获得有以下方式：①目标达成报酬，取决于项目目标的达成情况并考虑是否超过目标成本；②奖金，取决于项目完成时的实际成本是否在目标成本之下。如果超过目标成本，项目经理以及其他非业主方将在没有直接成本和间接成本补偿的情况下继续各自的工作，因此目标成本实际上为业主支付项目设计和施工费用设置了一个最高保证价格（GMP）。

从变更管理看，目标成本必须详细确定影响目标成本的各种因素，目标成本包括工作范围内由于不确定性带来的意外开支、风险及潜在的损害赔偿、市场条件及其他因素。以下情况目标成本不可调整：①业主在项目定义或项目计划中提出的变更；②不可抗力事件；③由于项目目标未达成或目标完成奖金未发放导致的目标成本的减少；④协议中所有成员共同约定的其他原因。需要说明的是，目标成本的调整应根据由所有项目方签订的修正案进行。

从风险分担看，单独的各方协议要求有限责任公司的成员放弃就保险费中所包含的损失向彼此索赔以及向业主、承包商/咨询方索赔的权利。单独的业主协议要求业主放弃所有不利于有限责任公司的请求，如由于失去利用价值及解雇带来的相应损失。单独的非业主成员协议包含了限制其获得其他成员赔偿金的相关协议，除非是由其他成员的故意不良行为所导致的赔偿请求。

4）AIAC191（Single Multi-Party Agreement）

从决策制度看，由来自业主方、建设方、承包方以及其他项目方的代表组成的项目执行团队（PET）负责项目所有的计划及管理，且由 PET 所作出的决策必须是全体成员一致通过的。PET 可以向包括由来自所有协议涉及方的代表组成的项目管理团队（PMT）在内的其他团队分配职责。PMT 负责项目的日常管理以及执行 PET 所作出的决策；PMT 无权制定会影响项目目标成本及合同工期的有关决策；当 PMT 在制定决策无法达成共识时，可以上报 PET 寻求解决方案。

从目标成本制定看，目标成本的制定在设计阶段结束之前完成。设计单位、施工单位以及其他非业主方提出目标成本提案，如果得到业主同意，则执行目标成本修正方案来确定目标成本、项目定义、项目目标以及项目工期。如果各方不赞成目标成本，或者业主反对目标成本，或各方无法执行目标成本修订方案，则协议终止，由业主赔偿各方款项及所有物。

从利润获得方式看，利润的获得有以下方式：①目标达成报酬，取决于项目目标的达成情况并考虑是否超过目标成本；②奖金，取决于项目完成时的实际成本是否在目标成本之下。如果超过了目标成本，业主将选择继续支付建设方和承包方人工费或有权利不偿还各方的人工费而仅仅继续支付材料费、设备费以及分包商费用；协议没有定义建设方和承包商的费用，也不包括设置任何风险费的机制，但是协议声明所有项目参与方共享结余。

从变更管理看，项目各方设置一个风险矩阵来确定规划、设计及施工阶段的主要风险，风险矩阵用来建立目标成本以外事件。目标成本的变更有两种方式：①协议中各方一致通过的方式；②由于下列特殊原因目标成本及合同工期的调整是通过变更指令和协议中约定的其他方式完成的：使用单价计价方式工程的量的变更；业主在项目定义中提出的变更；业主提出的项目进度变更；业主提供的材料的服务及信息的缺陷；不可抗力。

从风险分担看，协议规定各方应保护其他方使其免于第三方声明的责任替代。除以下情况可以完全责任免除：①有意的不良行为；②明示担保；③业主无法支付；④明确的赔偿；⑤无法获得赔偿金；⑥由第三方的留置权所引起的损害；⑦保险费中所包含的损害赔偿。

(2) IPD 合同特征

第一，主要参与方共同签署一份多方协作的关系合同。

在所有的 IPD 项目案例中，主要参与方都签署了 IPD 多方（一般是由业主，设计方和施工方组成的三方）合同，这样的联合方式有利于各参与方以利益共同体的形式一起参与到项目中，同时也有利于其提早介入项目。例如，Sutter Health Fairfield Medical Office Building 项目被认为是美国最早的 IPD 项目，其采用的是由业主、设计方和施工方三方共同签署的 IFOA 协议（Integrated Form of Agreement，集成协议），而之后的 St. Claire Health Center 项目、Cardinal Glennon Children's Hospital Expansion 项目和 Cathedral Hill Hospital 项目也沿袭了这种三方集成的协议，其中 Cardinal Glennon Children's Hospital Expansion 项目拓展了 IFOA 在更多参与方之间的应用。另外有一些典型项目采用的是标准的 IPD 合同，如 MERCY Facility Master Plan Remodel 项目采用的是 AIA C-191 IPD 交易模式下多方标准协议，Spaw Glass Austin Regional Office 项目签署了 ConsensusDOCS300 三方合作协议，Lawrence & Schiller Remodel 项目则采用了分三阶段（可行性研究阶段、深入设计阶段和施工阶段）分别签署的多方客户合同。

第二，主要参与方之间共担风险，共享收益，并遵从契约中关于成本和收益的分配方式和激励机制。

在 IPD 模式下一般有以下几种激励方法：①根据成员对项目创造的价值或节约的成本分发红利；②设置激励池（或风险池），即从项目团队的费用中拨出一部分放入激励池（或风险池）中，池中的资金会根据团队成员提前商定的一些准则增加或减少，最后再将池中的剩余资金分给各团队成员，这种方法是在 IPD 项目中比较常见的激励方式；③绩效红利的激励方式，即根据完工质量发放的红利。例如，Cathedral Hill Hospital 项目的 IFOA 协议中设置了一个风险池，将各 IPD 的参与方的风险和收益都绑定在了一起，并设置不同比例将主要参与方的收益与风险直接挂钩。MERCY Facility Master Plan Remodel 项目签署的 AIA C-191 IPD 标准补偿激励规定，如果项目费用低于合同成本则会有一定的激励补偿，其中业主承担 50% 的成本，设计方和施工方各承担 25%。Lawrence & Schiller Remodel 项目中，业主几乎没有参与激励机制，而是由项目组成的 SPE 提出了每一方的允许成本（直接补偿费用和直接负担费用）以及激励补偿的成本（各自的利润），其成本结构是透明的，但该项目并没有建立与项目目标相关的激励评价指标。SpawGlass Austin Regional Office 项目依据 ConsensusDOCS300 协议中提出的激励与风险分担结构、预算和成本模型以及项目目标成本估算（Project Target Cost Estimate，PTCE），由业主方根据设计方和施工方的预算提出项目的预算，并要求之后的工作要控制在此预算范围内。Autodesk Inc. 的项目设置了奖励补偿层（Incentive Compensation Layer，ICL），要求设计方和施工方的收益都承担共同的风险：若达到合同的成本要求，则共同分配普通的收益；若超过了合同金额，则业主可以要求额外的补偿，其中 ICL 可以调整的范围是 $-20\% \sim 20\%$。在 St. Claire Health Center 项目中，起初业主要求各方不断地设置 GMP（最高保证价格）直到其各自满意，但最后发现 GMP 总和超过了总成本，因此项目不再设置 GMP，而是设计方和施工方联合在一起共同压低成本，采用成本加酬金的交易形式。在这种情况下，由于施工方的不确定性减少了，金钱激励对于业主来说也就不那么必要了。

第三，主要参与方之间放弃对彼此的诉讼权，解决纠纷的方式通常为调解和仲裁。

IPD 交付模式虽然要求各方都放弃对彼此的诉讼权，但是在协议中并不存在不起诉条款，如 Autodesk Inc. 项目在协议中说明了，主要参与方之间责任的豁免不包括由于欺诈、故意错失及重大错失等引起的事故责任。IPD 纠纷解决的方式通常是根据协议条款进行调解，必要时也需要仲裁；而对于商业保险，有些项目选择集成式的项目保险，有些项目依然采用传统的保险方式。

在 IFOA 协议中，设计师和设计咨询师必须为其任何技术性的图纸文件负责；协议规定的纠纷解决渠道分别是三方组成的"特殊会议"，由主要股东代表组成的核心集团，各组织的高级执行官；该协议为设计方设置一般责任保险（General），为设计咨询方设置职业责任保险（Professional）。

标准的 AIA C-191 IPD 合同规定的是放弃合同方之间的索赔权、免除相互之间的责任，而在 MERCY Facility Master Plan Remodel 项目中，业主是拒绝被免除索赔权利和责任的。AIA C-191 IPD 合同中还规定通过"争端解决委员会"来解决纠纷问题，该委员是由各当事参与方和第三方代表组成，但是在 MERCY Facility Master Plan Remodel 项目中，企业故意躲开了内部纠纷解决委员会及其调解程序。在保险方面，AIA C-191 IPD 合同建议聘请保险顾问协助项目获得综合保险产品，如"业主或承包商控制保险计划"或"各方保险需求"，而在这个案例中业主更愿意遵循传统保险和承包商债券的做法，设计方和施工方都承担了传统的职业责任险。

在 ConsensusDOCS300 协议中也是规定仅在一定程度上对由于过失行为或不作为或遗漏行为造成的事故要承担责任，纠纷解决的四个步骤分别为直接讨论（项目管理组参与）、和解（有一个第三方参与）、不断地调解以及仲裁或者起诉。

第四，主要参与方彼此之间财务透明。

所有的 IPD 项目都保持设计方和施工方的财务透明，要求"公开账本"（Open Book），以保证所有的工作成本都在人工和材料的预算之内。Cathedral Hill Hospital 项目中利润以项目的固定费用为基础，其中 25％来自风险池，这样的成本和收益结构使得各方之间必须透明，不存在隐藏的不确定和津贴，以保证各方工作成本都在预算的基础上进行。

业主有时会被免除该项义务，如 AIA C-191 IPD 合同中规定，所有各方保持所有财务相关工作费用的详细会计记录，而业主则免除这项义务且有权利审核这些财务记录。

但是有些项目也要求业主有"反向公开账本"，如 Edith Green Wendell Wyatt Federal Building Modernization 项目中业主被免除了详细的会计记录义务的同时被要求公开其预算和费用分配计划。

2 BIM 实施规划与控制

2.1 BIM 实施规划概述

2.1.1 BIM 实施规划的意义

BIM 实施规划是指导业主实施 BIM 的纲领性文件，是 BIM 应用成功不可或缺的基础。在 BIM 实践过程中，项目参与方可以采取多种 BIM 应用方式，产生多种 BIM 可交付成果，但从另一方面来讲，BIM 同其他新技术一样，在执行过程中，会对传统的建设过程造成一定的冲击，带来一定程度的风险，例如许多设计企业初期导入 BIM 时，设计周期会比传统的设计周期长。因此，在正式实施 BIM 项目以前，应该有一个 BIM 整体战略和规划，合理确定 BIM 目标，斟酌 BIM 实施路线，识别 BIM 执行风险并设定预案，以帮助相关方实现 BIM 项目的效益最大化。

通过 BIM 实施规划，综合考虑项目特点、项目团队力、当前的技术水准、BIM 实施成本等多个 BIM 实施关键要素，能够得到一个对特定建设项目而言性价比最优的 BIM 实施方案。同时，通过制定 BIM 实施规划，项目相关参与方可以从如下方面受益：

（1）所有成员清晰理解和沟通实施 BIM 的战略目标。

（2）项目参与机构明确在 BIM 实施中的角色和责任。

（3）保证 BIM 实施流程与各个团队既有的业务流程匹配。

（4）提出成功实施每一个计划的 BIM 应用所需要的额外资源、培训和其他能力。

（5）对于未来要加入项目的参与方提供一个定义流程的基准。

（6）合约部门可以据此确定合同内容保证参与方承担相应的责任。

（7）可以确定项目进展各个阶段的 BIM 实施里程碑计划。

2.1.2 BIM 实施规划类型与要素

(1) BIM 实施规划类型

BIM 实施规划的内容因 BIM 实施主体而不同，按照管理组织差异可分为企业级 BIM 实施规划和项目级 BIM 实施规划两个类别。

1）企业级 BIM 实施规划

围绕企业发展战略，将 BIM 技术与方法应用到企业所有业务活动中，它涉及的范围广、部门多，不仅涉及 BIM 相关技术，而且涉及与企业 BIM 实施相关的资源管理、业务组织、流程再造等。其目的是对企业 BIM 实施有关的资源、过程和交付物进行统一的管理和系统集成，为企业基于 BIM 的规范化资源组织、设计生产、经营管理提供相应支撑。

2）项目级 BIM 实施规划

以单一项目数据源的组织为核心，运用与特定项目相关的企业局部资源和技术，完成合同或协议所规定的项目交付物的过程。此外，当前有相当一部分企业应用 BIM 的直接目的是完成企业 BIM 应用过程中的 BIM 研究。由于在企业尚未整体开展 BIM 实施之前，BIM 项目实践往往只能依据企业的传统业务流程展开，因此其应用成果主要表现在 BIM 技术手段的提升和局部价值的展现，并未从根本上体现出 BIM 能够为企业带来的整体价值和变革性的作用。

3）二者的联系与不同

项目级 BIM 实施规划与企业级 BIM 实施规划的关系主要体现在：项目级 BIM 实施规划是企业级 BIM 实施规划的子集和细化；而企业级 BIM 实施规划往往要建立在一定数量的 BIM 项目实践和总结基础之上，结合企业的整体规划，扩展到企业整体的资源管理、业务组织和流程再造的全过程中。

二者的区别主要表现在：

① 实现目标不同。

项目级 BIM 实施规划的目标是为了完成或执行特定合同或协议的 BIM 要求，关注于技术的实现和突破；企业级 BIM 实施规划的目标是为了依托 BIM 技术实现企业的长期战略规划，整体提升企业的综合竞争力，关注于企业整体的资源整合、流程再造和价值提升。

② 管理范围不同。

项目级 BIM 实施规划针对特定项目合同或协议，其管理重点在于项目的有效执行和目标实现；企业级 BIM 实施规划针对企业发展目标和整体运行过程，其管理重点在于制定本企业的 BIM 质量管理体系和有效控制，其内容包括：资源整体配置、相关标准执行、业务流程监控、设计成果审核等。

③ 交付标准不同。

项目级 BIM 实施规划的交付标准侧重于完成商业合同或协议所规定的项目交付成果；企业级 BIM 实施规划的设计交付标准则侧重于对企业设计成果整体质量的把控，以及将项目应用成果转化为企业的知识资产，特别强调其设计资源重用率的提升。

④ 分配机制不同。

目前，项目级 BIM 实施规划基本遵循的是企业传统价值分配机制，如：考核机制、奖励机制和相应的分配原则；未来企业级 BIM 实施规划将依据 BIM 带来的价值变化，重新建立企业的价值分配体系，两者将会有重大的区别和根本性的变化。

由于 BIM 所具有的整合、协同的基因，无论企业级还是项目级 BIM 的实施，都会引起资源共享、流程再造、交付物变化，都将以业务流程的优化和重构为基础，在一定的深度和广度上利用 BIM 技术、网络技术和数据库技术，控制和集成化管理生产经营活动中的各种信息，实现企业内外部或者项目内外部信息的共享和有效利用，这将涉及对企业或项目的管理理念的创新，管理流程的优化，管理团队的重组和管理手段的创新。

（2）项目级 BIM 实施规划的基本要素

BIM 已经在国内外得到较大的普及，美国、英国、新加坡等国家以及国内的许多项目都积累了非常好的 BIM 实施方法。其中，关于 BIM 实施规划的内容目前尚无统一的体系，buildingSMART 联盟编写的《BIM Project Execution Planning Guide Version 2.0》（2010）具有一定的参考价值，其提出的 BIM 实施规划内容应当包括 9 个部分，见表 2.1-1。新加坡建设局 2012 年颁布的《新加坡建筑信息模型指南》参考了印第安纳大学以及宾州大学计算机集成建设（CIC）调研小组的"项目实施模板"，与《BIM Project Execution Planning Guide Version 2.0》（2010）一书中提出的 BIM 实施规划有诸多相似之处，具有一定的参考价值，其提出的 BIM 实施规划包括九个基本要素，见表 2.1-2。

buildingSMART 联盟 BIM 实施规划的基本要素　　　　　　表 2.1-1

序号	基 本 内 容
1	项目目标、BIM 目标(Project Goals、BIM Objectives)
2	BIM 流程设计(BIM Process Design)
3	BIM 范围定义(BIM Scope Definitions)
4	组织人员及安排(Organization Roles and Staffing)
5	实施战略、合同(Delivery Strategy、Contrat)
6	沟通程序(Communication Procedures)
7	技术基础设施要求(Technology Infrastructure Needs)
8	模型质量控制程序(Model Quality Control Procedures)
9	项目参考信息(Project Reference Information)

新加坡 BIM 实施规划的基本要素　　　　　　表 2.1-2

序号	内 容
1	项目信息(Project Information)
2	BIM 目标和应用内容(BIM Goal & Uses)
3	每个项目成员的角色、人员配备和能力(Each Project Member's Roles,Staffing and Competency)
4	BIM 流程和策略(BIM Process and Strategy)
5	BIM 交换协议和提交格式(BIM Exchange Protocol and Submittal Format)
6	BIM 数据要求(BIM Data Requirement)
7	协作以及处理共享模型的方法(Collaboration Procedures and Method to Handle Shared Models)
8	质量控制(Quality Control)
9	技术基础设备 & 软件(Technology Infrastructure & Software)

根据实践现状，概括而言，BIM 实施规划主要包括应用目标、技术规格、组织计划和保障措施四个方面。

1）BIM 应用目标

BIM 应用目标是指通过运用 BIM 技术为项目带来的预期效益，一般分为总体目标和阶段性目标。BIM 总体目标是指项目全生命周期内所要达到的预期目标，如成本目标、质量目标、工期进度目标、效益目标等。BIM 的阶段性目标如图 2.1-1 所示。

美国 buildingSMART 联盟（2010），以某实验室工程项目为例，列举出了其 BIM 应用目标，并将各目标的重要程度进行排序，见表 2.1-3。

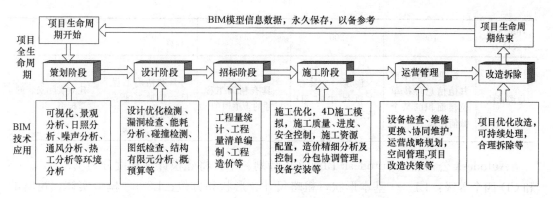

图 2.1-1 项目全生命周期 BIM 技术应用目标

某实验室建设项目的 BIM 应用目标　　　　　　　　　　　表 2.1-3

优先级 （1-3,1 最重要）	BIM 目标	可能的 BIM 应用
2	提升现场生产率	设计审查、3D 协调
3	提升设计效率	设计建模、设计审查、3D 协调
1	为物业运营准备精确的 3D 记录模型	记录模型、3D 协调
1	提升可持续目标效率	工程分析、LEED 评估
2	施工进度跟踪	4D 模型
3	定义跟阶段相关的问题	4D 模型
1	审查设计进度	设计审查
1	快速评估设计变更引起的造价变化	成本预算
2	消除现场冲突	3D 协调

2）BIM 技术规格

① 模型范围与详细程度（LOD-Level of Detail）。

为了使项目在各阶段顺利、高效开展，业主方需制定详细、可行的 BIM 实施规划。BIM 模型的详细程度应在符合项目要求和计算机的计算承受能力之间取得平衡，如果太详细，则计算负荷过大，反应速度和稳定性都会下降，影响效率和操作。所以，模型详细程度的界定很关键。

美国建筑师学会（AIA）就此制定了 BIM 模型的详细等级标准（LOD）。将详细程度分为 5 个等级如下，100：概念性；200：近似几何；300：精确几何；400：加工制造；500：建成竣工。表 2.1-4 是模型详细等级的划分范例。

BIM 模型详细等级划分范例　　　　　　　　　　　表 2.1-4

详细等级 （LOD）	100	200	300	400	500
内墙	没建模，成本或其他信息可按单位楼面积的某个数值计入	创建一块通用的内墙，设定一个通用取值范围	模型包括制定的墙体类型和精确程度，其他特性已经确定	如果需要建立加工的详细信息	建立实际安装的墙体类型

详细等级 （LOD）	100	200	300	400	500
电缆管线	没建模,成本或其他信息可按单位楼面积的某个数值计入	创建一个具有大概尺寸的 3D 管道	具有精确工程尺寸的管道模型	具有精确工程尺寸和加工细节的管道模型	建立实际安装的管道模型

Autodesk 公司在《Autodesk BIM 实施计划》中,将建模详细程度分为 L1、L2、L3 和 CD 四个等级：L1——基本形状,粗略尺寸、形状和方位；L2——模型实体,粗略的尺寸、形状、方位和对象数据；L3——含有丰富信息的模型实体,真实的尺寸、形状和方位；CD——详细的模型实体,最终确定的尺寸、形状和方位。

② 软硬件选择及工作范围。

BIM 相关的软件大体由三类构成：建模软件、专业分析软件和需要二次开发的软件。目前市场上可供选择的 BIM 软件品系众多,各具特色。例如 Autodesk（Revit、Navisworks）、ArchiCAD、Bentley 系列等。硬件环境包括图形工作站、数据中心以及服务器等。需要根据项目的具体情况,选择合适的 BIM 工具。在软、硬件的采购和选择上,应采用实用性原则,兼顾功能性和经济性要求。

在模型交付方式的选择上,可以和软硬件的选购一并考虑,业主拟有以下几种方式：①业主自购软硬件设施,并负责建模,可由 BIM 咨询单位作辅助；②业主只购入硬件设备,软件及建模都由 BIM 咨询单位来负责；③业主可将 BIM 软硬件设备及模型的构建外包给 BIM 咨询单位,在成果交付时可将模型和软硬件设备一并购入。这里的 BIM 咨询单位可以是 BIM 咨询公司、大型 BIM 软件开发公司,也可以是高校类 BIM 研究机构等。

3）BIM 组织计划

BIM 组织计划包括组织形式、相关方职责、工作界面、BIM 施工合同等方面。根据 BIM 应用目标,明确设计、施工、咨询等相关各方责任,确定工作要求。其中 BIM 经理负责指导、执行和协调所有的 BIM 相关工作,包括项目目标、工作流程、实际进度、资源调配以及技术应用等,协调和管理 BIM 团队中各参与方工作,以保障 BIM 技术的高效应用。

在项目中实施 BIM,业主和团队成员在起草有关 BIM 合同要求时需要谨慎处理。例如在软硬件选择及采购合同中,业主方在实施 BIM 项目的初期,应确定软硬件采购的方式,还应充分考虑软硬件升级换代的可能性,确定软件二次开发的责权,明确知识产权等问题。在软件种类的选择上,采用实用性原则,兼顾辅助功能,实现快捷、可靠地部署和使用,将实施、培训成本降到最低。

4）BIM 实施保障措施

BIM 实施保障措施包括沟通渠道保障和质量控制措施等方面。沟通渠道主要是保障如果 BIM 项目在实施推进过程中,出现需要协商处理的问题时,各方需要建立有效的沟通协商机制,这里有网络沟通（电子邮件、视频会议等）和现场碰头会议的形式。例如在协同设计阶段,BIM 模型的设计生产需要设计单位、勘察单位、业主方、咨询单位以及政府相关单位的设计冲突的消解，那么有效的冲突消解及沟通机制就显得尤为重要了。在质量控制措施上，严格设计标准，在 BIM 设计过程中，可采取视觉检查、碰撞检测、标准检测以及族元的核查等方面措施。

同时，在项目实施的初期，必须确立建模策略，以防止建模工作不到位或过度建模。由于各专业设计人员尚未采用同种软件进行设计，因此在数据交流和沟通的时候会增加工作量，应予以避免。在建模前，尽量根据出图要求设置好模板，这样既可以将以前的工作经验通过模板方式积累且规范化，又可减少建模期间设置的工作量。

2.1.3 BIM 实施标准的制定与策划

BIM 标准按照不同的分类标准可以划分为诸多类型。通常，BIM 标准按照适用层级可分为：国际标准、国家标准、企业标准和项目标准等。按照具体内容分类可分为：信息分类标准、信息互用（交换）标准、应用实施标准（指南）等。

（1）国际性标准

国际性标准主要分为 IFC（Industry Foundation Class，工业基础类）、IDM（Information Delivery Manual，信息交付手册）、IFD（International Framework for Dictionaries，国际字典）三类，它们是实现 BIM 价值的三大支撑技术，其发布情况可参照表 2.1-5。

IFC/IDM/IFD 标准分类 表 2.1-5

标准类别	标 准 名 称	发布状态	备 注
IFC 标准 （工业基础类）	ISO/PAS 16739:2005 工业基础分类 2x 版平台规范(IFC 2x 平台)	已发布	目前最受建筑行业广泛认可的国际性公共产品数据模型格式标准
IDM 标准 （信息交付手册）	ISO 29481-1:2010 建筑信息模型-信息交付手册-第一部分:方法和格式	已发布	对项目建设以及运维过程中某些特定信息类型需求的标准定义的方法
	ISO/CD 29481-2 建筑信息模型-信息交付手册-第一部分:交换框架	进行中	
IFD 标准 （国际数据字典）	ISO 12006-2:2001 建筑施工-建造业务信息组织-第二部分:信息分类框架	进行中	
	ISO 12006-3:2007 建筑施工-建造业务信息组织-第三部分:对象信息框架	进行中	

IFC 是信息交换标准格式，存储了工程项目全生命周期的信息，包括各类不同软件、不同项目参与方以及项目不同阶段的信息。由于 IFC 本身的局限，信息传递仍未能解决，即各软件系统间无法保证交互数据的完整性与协调性。为此需要制定一套能满足信息需求定义的标准—IDM 标准（Information Delivery Manual）。通过 IDM 标准的制定，使得 IFC 标准在全生命周期的某个阶段能够落到实处，类似于桥梁的连接作用，从 IFC 标准中收集所需的信息通过标准化后，应用于某个指定的项目阶段、业务流程或某类软件，实现与 IFC 标准的映射。IFD（International Framework for Dictionaries）是在国际标准框架下对建筑工程术语、属性集的标准化描述，是一本字典，内部包含了 BIM 标准中每个概念定义的唯一标识码。IFD 标准可以使得各国家、各地区有着不同文化、语言背景的个人能够在信息交换过程中得到所需的信息，不产生偏差。美国、加拿大、挪威、荷兰及日本

已经开始针对本国情况建立 IFD 库。国际 ISO 组织与最高的标准组织也异常重视这几方面的标准制定。通过统一的数据格式，各个国家间的信息沟通才能流畅，各专业软件间实现数据兼容性才能大大提高工作的效率。

（2）国家标准

随着 BIM 标准的发展，美国、英国、挪威、芬兰、澳大利亚、日本、新加坡等国家都已经发布了本国的 BIM 实施标准，指导本国的 BIM 实施。目前美国走在 BIM 研究的最前沿，有着相对较为成熟的 BIM 应用技术，在 2015 年 7 月，美国 buildingSMART 联盟发布了 NBIMS-US 第 3 版（第 1 版为 2007 年 12 月，第 2 版为 2012 年 5 月），包含了 BIM 参考标准、信息交换标准与指南和应用三大部分（图 2.1-2）。其中参考标准主要是经 ISO 认证的 IFC、XML、Omniclass、IFD 等技术标准，除此之外，还吸收了 BIM 协同作业的格式标准 BCF（BIM Collaboration Format）、BIM Forum 负责制定的 LOD 规范，将 BIM 与 CAD 相关作业规定融入原有的新版美国国家 CAD 标准——UnitedStates National CAD Standard（NCS）—V5；信息交换标准包含了 COBie、空间规划复核、能耗分析、工程量和成本分析等；指南和应用指的是最小 BIM、BIM 项目实施规划与内容指南等，大部分国家目前也是处于指南和应用层面。尽管美国已出版了三版应用标准，且最新的第三版的章节架构和前一版本一样，而整体内容比第二版扩充许多新的标准，但均未实现到实际操作层面。

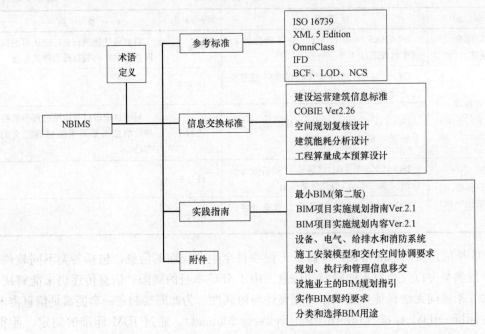

图 2.1-2　美国 BIM 标准体系

美国国家 BIM 标准是专为两种特定人士制定的：一是软件开发商和供应商；二是实务文件的实作者，包括设计、工程、建造、业主和建筑完工使用阶段的营运者。其中对软件开发商和供应商而言，NBIMS-US V3 明确规划出参考标准（Reference Standard）及交换信息标准（Exchange Information Standards）两大主轴。未来的版本应该还会持续在这两大类的标准上不断发展。另外为架构更为成熟可行的实务文件参考标准，buildingSMART 已开始着手规划一套系统，来组织建筑知识、技能和系统，并分成四大领域：设计、采购、组装和营运。又将此四大领域相关属性组编成 64 种主题。

澳洲工程创新合作研究中心于 2009 年 7 月正式发布《国家数码模型指南和案例》，标准由 3 部分构成，分别是 BIM 概况、关键区域模型的创建方法和虚拟仿真的步骤以及案例。目的是指导和推广 BIM 在建筑各阶段（规划、设计、施工、设施管理）的全流程运用，改善建筑项目的实施与协调，释放生产力。

2013 年 12 月，挪威公共建筑机构（Statsbygg）推出了英文版的《BIM Manual 1.21》，《BIM Manual1.21》是技术标准和实施标准的结合，标准中对模型的拆分参考了 ISO 标准，解决方案与美国的 OCCS-OmniClass™ 类似。此外，书中列出了项目各业务阶段的 BIM 应用指南，例如在概念设计阶段提出了 4 项可选应用，在方案设计阶段提出 19 项可选应用，在施工阶段提出了 5 项应用，在运维阶段提出了 7 项应用。在模型应用的质量控制方面也提出了细致的要求。

此外，英国建筑业委员会（AEC（UK）Committee）2012 年发布了"英国建筑业 BIM 协议第二版（AEC（UK）BIM Procotol V2.0）"，规定了 BIM 实施方针。并基于该规范分别发布了针对 Autodesk Revit、Bentley ABD、Graphisoft ArchiCAD 等 BIM 软件的具体版本。2012 年 3 月，芬兰 buildingSMART 发布了"通用 BIM 需求"（Commons BIM Requirements）。

亚洲部分国家的 BIM 发展也很迅速，韩国、新加坡、日本已经颁布了国家标准。其中，日本的标准对于希望导入 BIM 技术的设计事务所和企业具有较好的指导意义，指南对企业的 BIM 组织机构建设、BIM 数据的版权与质量控制、BIM 建模规则、专业应用切入点以及交付成果做了详细指导。该标准的编写是从设计的角度出发的，所以《JIA BIMGuideline》更适合面向设计企业。

上述标准皆从软件技术以及 BIM 实施两个维度对 BIM 实施进行指导，对于各国的 BIM 实施提出了很好的指导思想，但未实现到实际操作层面。

（3）我国的 BIM 标准

随着我国 BIM 的迅速发展，众多的高等院校、企业、业主以及事业单位等都开始投入到 BIM 的研究与应用活动中，国家政府部门也开始重视 BIM 并制定 BIM 标准，研究思路借鉴国际 BIM 标准的同时兼顾国内建筑规范规定和建设管理流程要求。中国建筑科学研究院等多家单位共同筹资成立"中国 BIM 发展联盟"，旨在发动参与各方，共同制定重大 BIM 行业标准。在 2012 年住房和城乡建设部（以下简称住建部）印发的建标〔2012〕5 号文《关于印发〈2012 年工程建设标准规范制订修订计划〉的通知》中，将五本标准列为国家标准制定项目。五本标准分为三个层次（图 2.1-3）：第一层为最高标准：《建筑工程信息模型应用统一标准》；第二层为基础数据标准：《建筑工程设计信息模型分类和编码标准》《建筑工程信息模型存储标准》；第三层为执行标准：《建筑工程设计信息模型交付标准》《制造业工程设计信息模型交付标准》。

中国建筑科学研究院主编的《建筑工程信息模型应用统一标准》是最高的国家标准，其实现计划从建筑专业标准出发，拟通过三个层次来展开研究，分别为专业 BIM、阶段 BIM（包括工程规划、勘察与设计、施工、运维阶段）和项目全生命期 BIM。在当前中国建筑软件发展的前提下，通过上述三个层次的过程，从专业 BIM 技术与标准的研究出发，

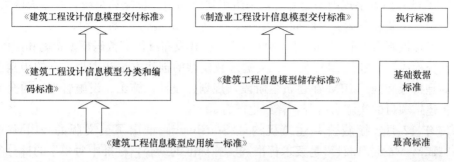

图 2.1-3 我国当前 BIM 标准体系

以改造现有的专业软件为原则，形成各专业 BIM；在一定阶段后集成专业 BIM，形成阶段 BIM；最后在各阶段 BIM 的基础上，连通起来从而形成项目全生命周期 BIM，最终实现 BIM 在我国的发展。标准的送审稿已于 2014 年通过审查，标准基于 P-BIM 的理念，从模型的结构体系与任务信息、模型所包含的内容、模型的交付交换、编码与存储的数据互用要求、模型数据与数量等的模型应用要求等方面进行了成体系的规划。

2014 年，北京市地方标准《民用建筑信息模型设计标准》DB11/1063—2014 由北京市质量技术监督局和北京市规划委员会共同发布，并与当年 9 月 1 日正式实施，这是我国第一部地方 BIM 应用标准。标准的核心内容除 BIM 的基本概念、定义之外，还包括三部分主要内容，即：BIM 的资源要求、模型深度要求、交付要求，此标准是以民用建筑为对象的 BIM 技术应用标准，意在使北京民用建筑设计单位可依据这些通用原则和基础标准制定本单位 BIM 实施指南或建立企业级的 BIM 实施标准。

2015 年 5 月，深圳市建筑业主方颁布了《政府公共工程 BIM 应用实施纲要》以及《BIM 实施管理标准》，规范及流程化业主方建筑工程项目的 BIM 应用，为各参与方提供一个 BIM 项目实施的标准框架与流程，并为业主方的 BIM 项目实施过程提供指导依据。2016 年 5 月，深圳市还颁布了《关于推进深圳市建筑信息模型（BIM）应用的若干意见》。

2016 年 3 月，中国建筑股份有限公司和中国建筑科学研究院会同国家建筑信息模型（BIM）产业技术创新战略联盟等单位编制的工程建设国家标准《建筑工程施工信息模型应用标准》征求意见稿公布，强调施工 BIM 应用宜覆盖工程项目深化设计、施工实施、竣工验收与交付等整个施工阶段，也可根据工程实际情况只应用于某些环节或任务。该标准涵盖了施工 BIM 应用策划与管理、施工模型以及深化设计、施工模拟、预制加工、进度管理、预算与成本、质量与安全管理、施工监理、竣工验收与交付等 BIM 应用的相关内容。

2016 年 4 月，浙江省住建厅颁布了《浙江省建筑信息模型（BIM）技术应用导则》，列出了 BIM 技术应用点 29 个。

（4）BIM 实施标准分类

国内外的 BIM 实施框架理论体系，无论是企业级还是项目级的 BIM 实施，其实施标准都可以归纳为包含 BIM 资源标准、BIM 行为标准以及 BIM 交付标准三大类别。

1）BIM 资源标准：指环境、人力和信息等生产要素的集合。

① 环境资源一般是指 BIM 实施过程中所需的软硬件技术条件。如：BIM 实施所需的各类软件系统工具、桌面计算机和服务器、网络环境及配置等。

② 人力资源一般是指 BIM 实施相关的技术和管理人员，如：BIM 工程师、BIM 项目经理、BIM 数据管理员等。

③ 信息资源一般是指在 BIM 实施过程中积累并经过标准化处理、形成可重复利用的信息的总称。如：BIM 模型库、BIM 构件库、BIM 数据库等。

2）BIM 行为标准：指 BIM 实施相关的过程组织和控制，包括业务流程、业务活动和业务协同三个方面。

① 业务流程是指实施过程中一系列结构化、可度量的活动集合及其关系。如 BIM 设计变更流程、BIM 成果文件归档流程等。

② 业务活动是指业务流程中特定活动的具体内容，如：建模、分析、审核、质量控制、归档等。

③ 业务协同是指针对不同专业或不同参与方，业务活动之间的协调和共享的过程，如：会议、邮件通知、报告、在 BIM 平台的数据上传下载等。

3）BIM 交付标准：指针对 BIM 交付所建立的相关标准和定义，例如 BIM 交付物的模型内容和深度、文件格式、模型检查规范等。

具体而言，项目级别的 BIM 实施标准，至少应该包括如下几大部分：

① BIM 实施组织机构：明确 BIM 实施相关方，确定项目各参与方的要求及职责。

② 模型单位及坐标：明确模型的项目度量单位以及坐标，为所有 BIM 模型定义统一的通用坐标系，建立一个参考点作为共享坐标的原点。

③ 建模深度定义：定义各个业务阶段的每个 BIM 应用所需要的 BIM 建模精度。

④ 模型拆分：确定模型拆分标准，一般各专业独立，综合考虑工程区域、标高、专业完整性和机器配置。

⑤ 命名规则：确定统一的文档、模型、提交成果等命名规则。

⑥ 颜色标识：确定统一的色彩规则。

⑦ 文档结构：确定统一的文档存储结构。

⑧ 工作交付标准：确定项目交付成果的要求。

⑨ 协作流程：确定设计变更、BIM 的审核、BIM 成果提交等工作的协作流程。

⑩ 软件版本：确定将要使用的 BIM 软件及确定软件一致性原则。

⑪ 模型分类：划分各个参建方的 BIM 模型应用工作面。

⑫ 实施计划：确定项目 BIM 应用内容及相关方工作时间节点。

⑬ 软硬件配置：合理配置软硬件，需要考虑 BIM 协同平台的功能以及部署方式。

2.2 BIM 实施规划的内容

2.2.1 BIM 技术应用的组织流程设计

(1) BIM 实施模式与组织结构设计

BIM 实施模式分为建设单位（业主）BIM 实施模式和承包商 BIM 实施模式，二者的组织结构设计可参考图 2.2-1 和图 2.2-2。

1）建设单位（业主）BIM实施模式：由建设单位主导，选择适当的BIM技术应用模式，各参与方协同采用BIM技术，完成项目的BIM技术应用。

2）承包商BIM实施模式：由项目各相关方自行或委托第三方机构应用BIM技术，完成自身承担的项目建设内容，辅助项目建设与管理，以实现项目建设目标。

BIM实施模式宜采用基于全生命期BIM技术应用模式下的建设单位（业主）主导的实施模式，以利于协调各参与方在项目全生命期内协同应用BIM技术，充分发挥BIM技术的最大效益和价值。

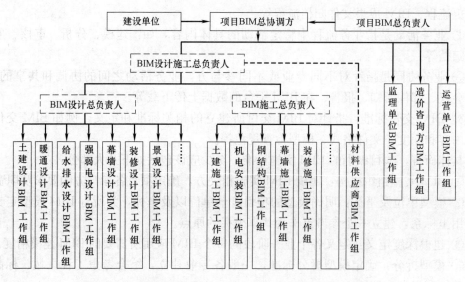

图 2.2-1　典型建设单位（业主）BIM实施模式的架构图

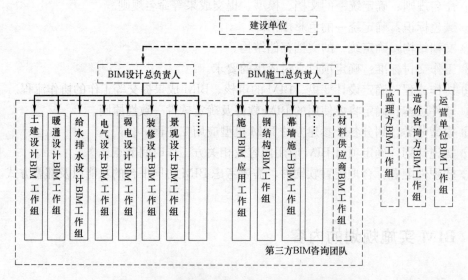

图 2.2-2　典型承包商 BIM 实施模式的架构图

(2) DBB 模式下 BIM 应用的组织流程设计

工程项目的建设有多种管理方式，例如设计-招标-施工模式（Design-Bid-Build，DBB）、设计施工总承包模式（Design-Build，DB）、交钥匙模式（Engineering, Procurement and Construction，EPC)、综合交付模式（Integrated Project Delivery，IPD）等。其中，DBB 模式是一种国际上出现最早、最通用、最广泛的工程管理模式，该种模式业主与设计方、施工承包方分别签订合同，一般由业主委托设计单位进行设计，在施工图设计完成后，开始施工招标进行工程建设。该种模式建设周期长，设计施工脱离导致设计方案可施工性差、设计变更频率较高、施工积极性差等问题，业主承担主要的协调工作。由于 DBB 模式在我国建设项目的应用具有普遍性，本节的 BIM 流程设计假设在 DBB 模式下由业主统一协调下完成。

此模式下业主应用 BIM 的主要目的是防止因业主处的信息停滞导致整个项目信息流中断，通过 BIM 应用以及相对应的合理 BIM 流程设计解决设计方、施工总承包方、深化设计分包商、专业施工分包商等参建单位的信息沟通问题。具体而言：

1）概念设计：设计方充分了解业主的项目意图和要求，根据业主提出的外形、功能、成本和进度等相关的指导建立基本概念模型。

2）初步设计：加深初步设计深度，协调各个专业矛盾，与业主共同合理地确定总投资和技术经济指标。

3）施工图设计：主要是对最终设计模型的完善，通过 BIM 模型快速通过规范审查，整合各方请求信息。

4）专业深化设计：协同重点是对设计模型与施工模型中的各专业间信息进行冲突检测，发现潜在的问题。

5）工程招标：业主方与设计方信息的双向传递，施工招标相关信息直接在业主方的呈现。

6）施工阶段：通过统一的模型展示，使各参与方同步了解工程进度与变更情况，共同为竣工模型服务。

7）设施管理阶段，业主将竣工模型信息用于后续管理。

其中，在确定进行碰撞检查、管线综合等具体 BIM 应用内容后，需要继续明晰每个应用的执行过程以及各个 BIM 应用之间的逻辑关系。这项工作可以让各个 BIM 参与方了解整体的 BIM 过程，确定信息交流方式以及多方之间的数据协作关系，明确 BIM 应用进行的顺序和步骤。并且，BIM 流程设计也是其他 BIM 规划内容的基础，例如以此为依托可以在 BIM 合同规划、BIM 交付要求、参与团队的 BIM 技能要求、软硬件规划以及 BIM 平台功能设计、内部 BIM 培训计划等多个方面更顺利地展开工作。流程设计包括两方面内容，首先需要划分各参建方之间、不同业务阶段之间的工作面与工作的承接顺序；然后规划详细的协作流程，说明每一个特定的 BIM 应用的详细工作顺序，包括每个步骤的责任方、创建和共享的信息交换要求、参考信息内容及来源、时间安排等信息。

BIM 项目实施的程序如图 2.2-3 所示：

BIM 技术流程设计在确定 BIM 应用之后进行，每个确定的 BIM 应用都必须明确相关的业务执行程序。由于实现 BIM 应用有多种潜在的方法，以满足 BIM 应用目标为前提，BIM 技术流程应根据每个项目的特点进行定制设计，形成 BIM 技术应用流程图，以流程图为基础协调相关参与方的工作。

例如，BIM 技术流程图的设计需考虑如下几项管理要素：

1）初始数据来源：保证来源数据的真实一致，明确初始数据的来源责任方以及顺序。

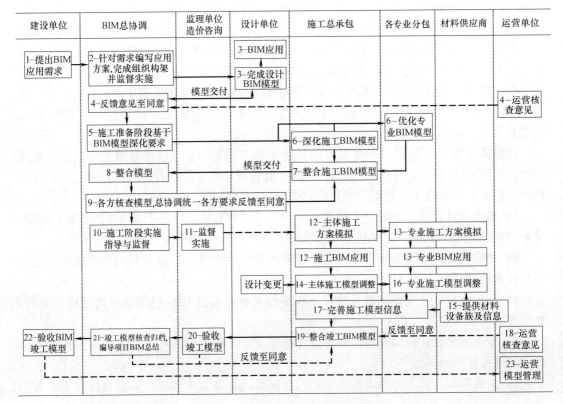

建设单位	BIM总协调	监理单位造价咨询	设计单位	施工总承包	各专业分包	材料供应商	运营单位

图 2.2-3 典型项目 BIM 实施程序

2）相关工作团队职责：BIM 实施与现场管理紧密结合，明悉相关方在 BIM 应用中的责任和义务。

3）质量控制程序：建立合理的流程回退、审核等机制，保证成果的有效性，共同协商合理的审核方式以及责任方。

4）信息交换及成果要求：提前规划协同各方所提交的中间文件或者最终成果文件的格式以及内容，满足多方协同的要求。

5）周期：为相关各方的工作提出明确的时限要求。

6）管控要点：针对每个流程，相关责任方确定问题多发点、关键控制点，不断完善，为流程复制形成知识资产积累数据。

7）协同平台内的流程流转控制：配置 BIM 协同平台的流程，满足流程通知发送、文件流转中的权限控制等要求。

每个 BIM 应用的流程图由一张流程表和一个流程图组成。流程表描述该流程相关的关键因素说明。含流程的名称、流程目标、流程的范围（开始于……，包含……，结束于……）、管控要点、需遵从的规范标准、IT 的支持、其他内容等。见表 2.2-1。

BIM 流程表 表 2.2-1

要素名称	内　　容	备　注
流程名称	注明流程的名称,应该有与 BIM 应用对应的编号	
流程目标	流程计划实现的目标	

要素名称	内　　容	备　注
流程的范围	说明流程前后顺序之间的关系。流程开始于哪个业务阶段或者哪个里程碑节点;结束于哪个业务阶段或里程碑节点	
管控要点	分析流程中的问题易发点、重点应用内容	
需遵从的规范标准	交付标准、交互标准等	
IT 的支持	是否需要 BIM 协同平台的支持	
其他		

流程图中需表示的要素以及表示方法见表 2.2-2。

流程图中表示的要素及表示方法　　　　　　表 2.2-2

要素名称	描述	图　例
事件	流程图开始结尾或者半途中止时采用的要素	○
活动	一个活动一个方框,每个框对应一个活动编号,按照活动时间先后放置方框;同一时间发生的活动垂直放置	□
数据来源	标明活动所需的数据来源	----➤
泳道	等高水平线,区分不同角色	部门/角色 部门/角色
角色	图左侧垂直线,区分活动和角色	
BIM 平台	BIM 协同平台交互要求	信息系统 手动
时间	活动的工期要求	自动 时间周期 现状
文档	标明需要文档和数据的支持,文档和数据的具体内容可以标注在图中或在表格中说明	◱

下面给出了基于 BIM 的重大设计变更管理的流程图（图 2.2-4）。

在图 2.2-4 中,工程总承包方发起设计变更申请给设计单位,并提交预变更单→设计单位收到变更申请后,审核并填写模型验证单,提出需让 BIM 咨询单位利用模型进行验证的内容→业主对信息汇总,完善后交 BIM 咨询单位→BIM 咨询单位根据 BIM 模型验证单展开 BIM 应用,上传相关文件至 BIM 系统内→现场相关参建方召开协调会议,确定设计变更的内容,生成电子版设计变更单→设计在 BIM 系统内打印变更单,线下走既往的设计变更签字手续→相关各方签字完成后,业主在 BIM 系统内发布更新指令→BIM 系统自动触发 BIM 应用文件归档以及给相关方的邮件发送,然后相关各方即可在 BIM 系统内查询到此条设计变更。

2.2.2　BIM 模型的资源管理

BIM 资源指狭义的 BIM 资源,即在 BIM 实施过程中积累并经过标准化处理,形成可重复利用的信息总称。如：BIM 模型库、BIM 构件库、工艺的视频动画等。

BIM 资源有其自身的特点,一是 BIM 文件一般比较大,协同环境下大数据量的网络传输时间长,模型浏览展示的效率问题必须解决；二是不同项目阶段的各专业、各参建方

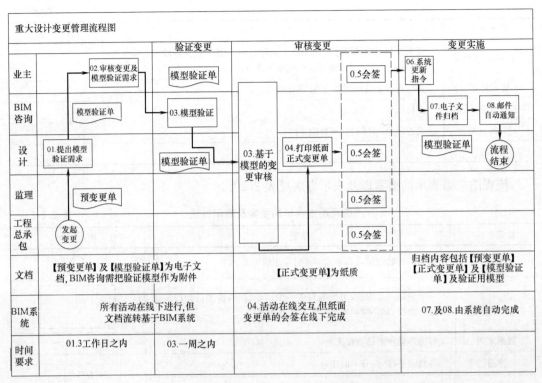

图 2.2-4　基于 BIM 的重大设计变更管理的流程图

所使用的 BIM 软件类型非常多，BIM 文件包含的信息量也非常大，例如核心建模软件 Rhino（犀牛）、REVIT、TEKLA，整合软件 Navisworks 软件，此类数据的特点是大多以文件形式存在，很难保存在一般的数据库系统中，我们称之为非结构化或半结构化信息，当这些文件脱离原有的文件创建环境，一般很难读取，需要迫切研究深入 BIM 文件内部的数据检索问题（全文检索）；三是一个 BIM 文件的形成需要众多项目参建主体的参与，BIM 实体对象关系复杂，BIM 时代的数据协作标准、BIM 文件命名规则、BIM 文件版本控制标准等基础性问题亦需要仔细斟酌。

（1）BIM 资源存储管理

首先需要确定 BIM 资源的数据存储机制。企业以及大型项目一般会部署 BIM 数据管理平台，集中存储 BIM 资源，通过平台为项目参与各方提供单一的访问 BIM 数据的入口。通过在系统中定义各种应用角色，把登录用户、各种功能权限和角色进行整合，实现企业的员工、分包商、业主和供应商等都可以通过这个入口整合管理流程、各种资源以及相应数据，实现包含 BIM 模型、图形图片以及文档在内的数据协同管理，实现 BIM 数据在项目各个参与单位、多个业务阶段的信息传递与数字移交。

BIM 资源的存储规则需考虑如下四个关键因素：

1）安全管理：BIM 资源在计算机中存放是否安全，是否会由于意外事故而丢失，会不会遭到非法的复制、修改和调用，即保密性如何，这是资源管理的重要问题。首先需要规划角色和权限，对不同的用户赋予不同的操作权限。需建立一套规章制度，支持企业或项目对人员、角色的权限控制要求，确保只有具有合法权限的用户才能执行相应操作，避免非法和越权访问、操作，使得他们只能在规定的权限下处理规定范围内的 BIM 资源文件，保证各类文件不被非法盗用和修改，从而保证文档在计算机中的安全性。若采用信息化管理平台，在系统中电子数据的发布和变更必须经过事先定义的审批流程后才能生效，这样就使用户得到的总是经过审批的正确信息。此外，为了防止意外事故造成不必要的损失，系统还提供定期数据备份的功能。

2）数据唯一性控制：为了保证数据的安全性、正确性和一致性，用户在存取共享数据时，需要验证机制，保证同一时间只能有一个用户可以编辑 BIM 资源。BIM 协同信息化系统一般都要通过检入（Check in）与检出（Check out）操作以及相应权限检验。当用可编辑方式打开文档的时候，系统给文档做"Check out"标记，此文档将不允许其他用户写入，只允许读。当用户保存该文档的时候，系统会对该文档做"Check in"标记，允许其他用户写此文件。系统通过这种方式为控制其内部管理环境和外部应用之间的数据传递提供了一种安全的管理手段。

3）模型文件拆分：为了实现多用户访问项目模型，解决大型项目文件体量过大，且硬件配置不够或网络传输时间长而影响工作效率问题，需要对模型进行合理拆分，实现团队的协作。模型拆分应照顾协作团队的需要，满足各个专业的信息采集需要，例如机电模型中需要包括路由，让专业人员了解管线走向。大型项目的模型文件，一个文件中最好只包括一个建筑体，机电专业应只包含一个专业的数据（设备多专业汇集除外）。

① 建筑专业三维建筑模型拆分方法及原则

在三维建筑设计中对项目的类型，如公共建筑、住宅建筑、规划项目等工程在三维建模时，可根据建筑本身所具有的特点分类拆分，比如建筑构件拆分法、建筑功能拆分法、建筑高程拆分法、项目规模拆分法等。

② 机电专业三维模型拆分方法及原则

根据项目的建筑类型与特点，建筑专业会将三维模型做不同程度的拆分，但建筑专业对模型的拆分主要是基于建筑体量的拆分，例如将模型拆分为地下室和地上两部分等，机电专业对三维模型的拆分，除了需要考虑建筑体量以外，更重要的是基于机电系统考虑对模型进行拆分，拆分方法及原则如下：

A. 建筑体量拆分

机电专业三维模型的建筑体量拆分，不能简单照搬建筑专业对模型的拆分结果，而是要结合建筑专业对模型的拆分，充分考虑机电系统在模型拆分后的完整性对三维模型做合理体量拆分。

对于地块面积较大的项目或规划项目，建筑专业往往以小型单体作为模型的拆分单位，而对于机电专业，对三维模型进行拆分则需要考虑主要机房、变电所的服务范围，以及室外管线的规划设置情况。

对于单体建筑，则需结合机电系统设置进行模型拆分。例如建筑专业将模型的核心筒内外区域做了拆分，而在竖向上对各楼层未作拆分，由于机电专业的系统在单一楼层上往往是联通的整体，而在竖向上有高低分区，因此机电专业可根据系统设置将模型拆分为高区和低区，分区模块内的各楼层包含核心筒内外的所有空间。

B. 机电系统拆分

首先机电专业包含暖通空调、电气、给水排水三个专业，专业的区分实际上已经是对三维模型的第一层拆分。以下就各专业对机电系统的第二层拆分，即专业内的拆分做简单说明如下：

暖通空调专业的主要系统包括：采暖系统、空调风系统、空调水系统、防排烟系统。考虑建模过程协调性，往往需要将空调风系统、防排烟系统合并在同一模块中。因此，暖通空调专业通常按系统将模型拆分为采暖、空调水、风系统三部分。

电气专业包含的子系统较多，按性质主要分为动力、照明、火灾报警、弱电四大类，可作为模型拆分的主要依据。在构造三维模型时，电气专业主要体现的内容为变配电设备、主要机柜、电缆桥架及灯具，因此可将以上分类做进一步合并作为模型拆分的依据，例如将火灾报警和弱电两类合并在同一模块中。

给水排水专业的系统按性质可分为供水排水和消防水两大类，可作为模型第二层拆分的依据。两大类系统各具特点，供水排水类子系统的种类多，消防水类子系统的覆盖面积大、构件数量多。可根据模型的复杂程度，对系统做进一步拆分，例如将供水排水类系统拆分为有压系统和重力系统两部分等。

综上所述，机电专业按系统对三维模型拆分应遵循"综合协调，相对独立"的原则，将关系紧密的子系统放在同一模块中，尽量减少各模块间的相互影响，合理拆分模型，提高三维设计效率。

C. 工艺需求拆分

机电专业的主机房，以及部分局部作用系统，由于设备、管线繁杂，设计要求高，可以从整体模型单独拆分出来。常见部位包括锅炉房制冷站，变配电室，发电机房，供水、供热泵房，数据机房，档案库。

4) 存储的性能：若采用 BIM 平台，必须考虑大数据量的集中存储能力、良好的多用户并发运行效率。

(2) BIM 资源文件管理

在项目的整个生命周期中与 BIM 资源相关的信息是多种多样的。而这些信息多以模型、文件或图档的形式存在。BIM 资源文件具有不同的分类方法，有按照文件的来源进行划分的、有按照文件的存在状态进行划分的、有按照文件格式划分的等。如果按照文档存在状态进行划分，可以将其分为基础 BIM 模型文件、应用 BIM 模型文件、文本文件、图形图像文件、表格文件和视频多媒体文件。

A. 基础 BIM 模型文件：主要包括由 BIM 建模工具生成的工程模型文件以及建筑构件文件。例如 Autodesk、Revit 等软件生成的模型文件。

B. 应用 BIM 模型文件：为利用基础 BIM 模型进行 BIM 应用而形成的模型文件。例如碰撞检查模型文件、4D 模型文件、性能分析模型文件等。

C. 文本文件：设计说明、BIM 实施规划等。

D. 图形文件：工程的二维、三维图纸，模型导出的视图文件等。

E. 图像文件：扫描得到的点阵数据文件、照片等文件。

F. 表格文件：验收审批表、设计变更单等。

G. 多媒体文件：渲染动画文件等。

BIM 资源文件的管理一般关注三个方面：

1) 文档对象的浏览和导航

一般都通过对文件夹的分类来达到对各种不同的文档进行浏览和导航的目的。不同角色的用户会有不同的文件导航需求，例如设计单位一般习惯按照建筑、结构、水、暖、电等设计专业进行文件的分类与导航；而建设单位更习惯通过工程部位进行文件的分类与导航。多方参与的 BIM 信息化平台，一般都是在每个文档对象上标记多个属性标签，这些属性用做导航到该文档的指针，我们也称之为元数据，即管理文档对象的数据。不同角色的人员可以按照年份、角色、项等属性，自定义文件目录"视图"，同一文档可出现在符合属性过滤条件的所有目录视图中，这种方式非常有利于文件版本的有效控制，降低不必要的 BIM 资源存储空间的占用开支。

下面为某会展中心项目的文件夹结构具体实例。

某会展中心项目参照美国 LACCD _ BIM 的 BIM 标准设置文件夹结构，这个结构特点是以区域为主线进行目录组织，避免各专业模型整合时要跨目录链接的问题，在一个区域里存放所有专业的文件，更容易管理。会展中心项目在施工和运维阶段应用较多，适于用此种结构的文件夹形式。一级目录按照标段、建设业务阶段以及项目整体 BIM 管理规划内容分类；展馆区设计 BIM 文件夹进一步按照区域、综合应用、归档、待审核文件分类；待审核文件夹按照协作单位做三级细分；综合应用文件夹按照应用内容作三级细分；每个区域按照设计专业进行三级细分。如图 2.2-5 所示。

2）资源文件的版本管理

在 BIM 实施过程中，模型文件会根据图纸的变更、模型应用主体变更等因素不断迭代，非常有必要对模型在不断演变过程中产生的过程文件进行控制。版本不仅包含了BIM 模型在当时的全部信息，而且反映了该版本的 BIM 模型和与其相关联的对象的联系，例如，结构 BIM 模型的版本与机电模型版本以及设计图纸变更文档版本的关联性。一个模型的多个版本间应该有联系，版本应有标识号。模型文件的名称通常用模型的名称和版本号两个属性表示。项目实施时常见的版本管理模型如图 2.2-6 所示。即重大版本变化用A、B、C…标识，若只是在每个正式版本基础上所作的小范围的修改，标记为 Seg1、Seg2、Seg3…这些修改的序号也是按照产生的时间顺序赋值，顺序递增。不再改变的版本都需要归档保存，版本归档后称为归档版本。BIM 重大成果、重大事件都应该进行分门别类整理，归档保存。例如初步设计模型终版、重大里程碑节点的施工图模型、竣工模型、模型交付记录、验收记录等。

3）BIM 资源的检索

BIM 资源的检索有几种方式：①为上述的通过对文档对象的分类和导航，定位到某项 BIM 资源的检索方式，即基于树状结构的分级检索方式。BIM 资源按照一定层次有序管理，一方面缩短了信息查询的时间，另一方面使得相关 BIM 资源的信息描述更直观、更清晰；②为通过输入 BIM 资源的属性信息进行模糊查询的检索方式，或是基于上述两种方式的组合检索。无论使用哪种检索方式，检索信息的全面性与规范性都是至关重要的。

针对不同类型的模型及构件，应首先确定其应有多少种信息可用作查询条件，信息应涵盖尽量多的范围，以便于设计人员从不同角度检索到该对象。如对于门构件，可设定类别、名称、规格、编码、材料、等级、高度、宽度等。此外，还应确定每种用于检索属性的具体规范，包括属性名称（字段名）、字段类型、字段长度、单位等。如对于门构件的

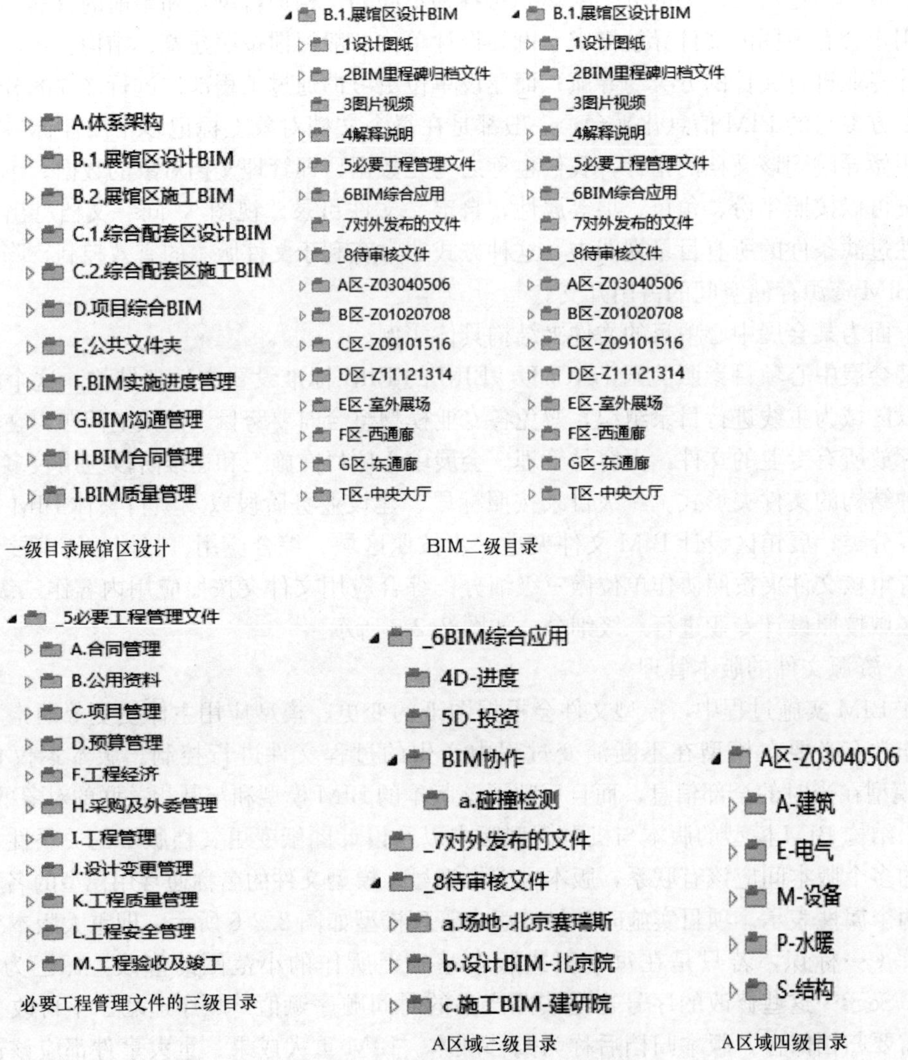

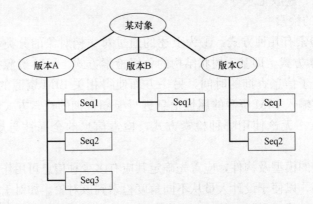

A.体系架构
B.1.展馆区设计BIM
B.2.展馆区施工BIM
C.1.综合配套区设计BIM
C.2.综合配套区施工BIM
D.项目综合BIM
E.公共文件夹
F.BIM实施进度管理
G.BIM沟通管理
H.BIM合同管理
I.BIM质量管理
一级目录展馆区设计
B.1.展馆区设计BIM
_1设计图纸
_2BIM里程碑归档文件
_3图片视频
_4解释说明
_5必要工程管理文件
_6BIM综合应用
_7对外发布的文件
_8待审核文件
A区-Z03040506
B区-Z01020708
C区-Z09101516
D区-Z11121314
E区-室外展场
F区-西通廊
G区-东通廊
T区-中央大厅
B.1.展馆区设计BIM
_1设计图纸
_2BIM里程碑归档文件
_3图片视频
_4解释说明
_5必要工程管理文件
_6BIM综合应用
_7对外发布的文件
_8待审核文件
A区-Z03040506
B区-Z01020708
C区-Z09101516
D区-Z11121314
E区-室外展场
F区-西通廊
G区-东通廊
T区-中央大厅
BIM二级目录
_5必要工程管理文件
A.合同管理
B.公用资料
C.项目管理
D.预算管理
F.工程经济
H.采购及外委管理
I.工程管理
J.设计变更管理
K.工程质量管理
L.工程安全管理
M.工程验收及竣工
必要工程管理文件的三级目录
_6BIM综合应用
4D-进度
5D-投资
BIM协作
a.碰撞检测
_7对外发布的文件
_8待审核文件
a.场地-北京赛瑞斯
b.设计BIM-北京院
c.施工BIM-建研院
A区域三级目录
A区-Z03040506
A-建筑
E-电气
M-设备
P-水暖
S-结构
A区域四级目录

图 2.2-5 某会展中心项目的 BIM 文件目录设置

某对象
版本A
版本B
版本C
Seq1
Seq2
Seq3
Seq1
Seq1
Seq2

图 2.2-6 BIM 资源文件的版本管理模型

高度属性，可设定其属性名称为"高度"、字段类型为整数型、单位为毫米等；对于门构件的防火等级属性，可设定其属性名称为"防火等级"、字段类型为字符型、字段长度为10字节等。

对于可用于检索的属性信息，应制定相关的填写规范，以保证不同人员对于同一类属性信息的具体内容的填写保持一致，避免误检、漏检的现象的发生。如对于门构件的防火等级属性，可规范为"甲级"、"乙级"、"丙级"的填写方式，而不使用"甲"、"乙"、"丙"；对于门构件的高度属性，可规范为"2100mm"、"2200mm"、"2300mm"等系列的填写方式。

例如，在香港房屋署（Hong Kong Housing Authority）的BIM标准手册里，把文件命名分8个字段24个字符进行命名，如图2.2-7所示。

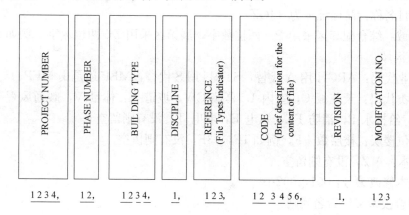

图2.2-7 香港房屋署BIM标准手册的文件命名标准

从文件名就可以很容易地解读出该文件的来源，例如（见表2.2-3）：

TM18_ _BLKAA-M-1F_ _ _ _ _ _ _ _

其中：

文件名设置原则 表2. 2-3

字段号	字段内容	描　述
1	TM18	项目名称"Tuen Mun Area 18"的缩写
2	_ _	项目阶段编号，没有则留空
3	BLKA	建筑物类型为 Block A
4	A	建筑专业。如果是 S 为结构专业，C 为市政专业等
5	-M-	模型文件。如果是"-L-"则为被链接，"-T-"为临时文件
6	1F_ _ _	文件简述：1层，没有内容则留空
7	_	版本，A-Z，没有则留空
8	_ _ _	修改编号，001,002...，没有则留空

文件名也不宜过长，否则适得其反，上述这个文件命名规则在描述文件的清晰度和文件名长度的平衡上还是把握得比较好。由于香港特区政府文件习惯沿用英语，用英文字母

做缩写可以满足命名要求。

以下为某会展中心项目的文件命名以及 BIM 构件命名的规范，制定该命名规范时参考了上述香港 BIM 实施指导标准。

① 文件命名标准。

模型依照设计系统的拆分原则，将模型分为工作模型和整合模型两大类。工作模型指设计人员输入包含建筑内容的模型文件；整合模型指根据一定规则将工作模型整合起来成为结构系统的模型（成果模型或浏览模型格式）。

A. 工作模型文件命名规则：

【项目名称】-【区域】-【专业代码】-【子类代码】-【定位楼层】-【版本】-【版本修改编号】

命名细则：

a. 项目名称：简称统一为 TJGZ。

b. 区域：综合配套区采用 P＋两位数字，展馆区采用 Z＋两位数字。例如 P01，表示配套区 01 区域；

c. 专业代码：ARCH 用 A 代替，STRU 用 S 代替，MEP 还是用 MEP；

d. 子类代码：天花板-C，室内-I，幕墙-CW，坡道-R，体量-V，暖通风管-MD，暖通水管-MP，给排水-P，消防-FE，强电-E，弱电-T，没有则留空；

e. 定位楼层：楼层数＋F，例如 1F，13F，没有则留空

f. 版本：A-Z，没有则留空

g. 版本修改编号：001，002…

B. 整合模型文件命名规则：

【项目名称】-【整合目的代码】-【版本】-【版本修改编号】

命名细则：

a. 项目：项目名称拼音大写缩写 TJGZ；

b. 整合目的：两位字母或数字大写；

c. 版本：A—Z，没有则留空

d. 版本修改编号：001，002…

② 构件命名标准。

混凝土梁：【材质类型】-【区域】-【楼层】-【尺寸】

例如：混凝土-A-B1-200×500mm

楼板：【材质类型】-【区域】-【楼层】-【厚度】

例如：混凝土-A-B1-200mm

结构柱：【材质类型】-【柱编号】-【尺寸】

例如：混凝土矩形柱-KZ1-200×500mm

墙体：【材质类型】-【位置】-【厚度】

例如：混凝土-核心筒-400mm

2.2.3 建设项目各阶段 BIM 交付物与深度

BIM 交付与各参建方的数据交换内容以及责任方紧密相关。美国 BIM 项目实施计划指南（2010）循序渐进地把信息交换程序分解为五个步骤（见表 2.2-4）。

顺序	步骤名称
	美国 BIM 项目实施计划指南（2010）信息交换程序步骤　　　表 2.2-4
1	从整体流程图梳理出每个潜在的信息交换（Identify each Potential Information Exchange from the Level 1 Process Map）
2	为项目选择一种模型分解结构（Choose a Model Element Breakdown Structure for the Project）
3	确定每种交换的数据输入输出要求（Identify the Information Requirements for each Exchange Output&Input），包含的要求包括模型接收方、文件格式、所必须的模型内容
4	明确输入数据的责任方（Assign Responsible Parties to Author the Information Required）
5	对比输入输出内容是否匹配（Compare Input versus Output Content）存在输出不满足 BIM 应用必须输入的情况

图 2.2-8 列出了数据交换的相关关键因素，其中模型信息需要指出建模内容以及建模深度。

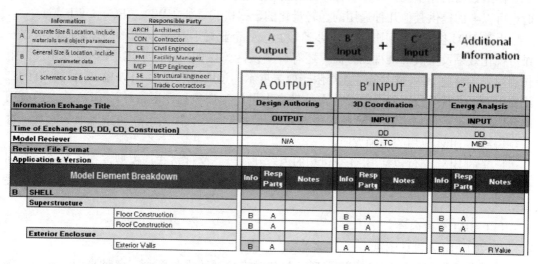

图 2.2-8　美国 BIM 项目实施计划指南（2010）数据交换的相关关键因素

随着 BIM 的应用扩展，每个项目所应用的 BIM 软件类型非常之多，BIM 数据的交换也需要在多个软件之间进行，或者一种数据接口需要满足多个下游软件的需要，例如初步设计阶段的建模数据可能会被成本估算软件和性能分析软件读取。协作方在 BIM 规划中应当商定 BIM 交换协议和提交格式（专用格式或开发标准格式），以确保在整个生命周期内相关各方的 BIM 数据能够复用。建筑国际协同联盟（IAI）曾提出利用中性文件为多种软件提供统一的数据接口，工业基础类（IFC）成为此中间文件的标准，IFC 也随之成为 BIM 数据交换标准化的代名词，但也让许多人产生误解，认为 IFC 格式能够解决 BIM 数据交换的实际问题。由于 IFC 同时定义了能够用于同一个建筑构件的多种几何描述，不同的几何描述类在功能和性能上也有所区别，在没有更多约定的情况下，在交换文件中采用哪种几何描述，则取决于接口文件开发者对标准的不同理解，最终产生的接口仍然表现出不同的功能与性能差别。尽管有研究提出用信息提交指南（IDM）和模型视图定义（MVD）作为 IFC 的补充标准，但在当前现状下，IFC 格式并不能有效解决我国多数项目的 BIM 数据交换问题，BIM 实施规划制定 BIM 数据交换标准凸显其重要性。

BIM 数据要求 BIM 模型的所有输出结果，包括发布的、废弃的和竣工的数据应该归档到项目文件夹下，项目文件夹应合理分类，不同的组织结构可能会对应不同的文件分类形式。另外，在项目各重要阶段，应当拷贝一套完整的 BIM 数据和相关的可交付成果到归档位置，存储为一份不作任何更改的备份。

应建立数据安全制度，防止任何数据崩溃、病毒感染以及项目团队成员、其他员工或外来人员的不恰当使用或故意损坏。建立用户进入权限，防止数据在交换、维护和归档过程中丢失或损坏。应当定期备份保存在网络服务器上的 BIM 项目数据。

此外，若 BIM 实施主体不是业主方，那 BIM 应用应包含业主对 BIM 的一些要求。将业主对于 BIM 的要求考虑到其中非常重要，这样可以让业主参与到 BIM 进程中，有利于推动项目各方协调，实现 BIM 服务的增值。模型的交付是为了信息在建筑全生命周期不同阶段不同建设参与方之间的有效传递，以保证交付模型的信息能很好的继续使用。为保证模型数据的完整性，应尽量保持原有的数据格式，避免数据转换造成的数据损失，同时也可以考虑提供其他几种通用的、轻量化的数据格式（如 NWD、IFC、DWF 等）。

由于 BIM 技术的应用还处于起步阶段，一些企业对于 BIM 交付物的理解尚停留在三维可视化效果及生成二维视图方面，还有一些误区。比如，片面追求 BIM 可视化及模拟仿真效果，会使 BIM 技术的应用局限于效果展示；过度追求通过 BIM 模型生成所有的二维交付图纸，现阶段不仅会给设计人员带来大量的工作负担，也将导致 BIM 技术的应用陷入困境。这些都忽略了 BIM 技术能够为优化建筑设计、提高设计质量所带来的真正价值，偏离了 BIM 应用的正确方向。

广义的 BIM 交付包括 BIM 交付物的内容和深度、文件格式、模型审查规范等一系列内容。本节只关注设计和施工阶段的 BIM 交付物内容以及深度，其他内容请参见相关章节。

（1）BIM 交付内容

1）纸质 BIM 设计图纸

设计各阶段创建的 BIM 设计模型及与其对应的纸质设计图纸（各种平面、立面、剖面、节点详图等）同传统设计图纸不同，它包含一定数量的建筑整体、局部的三维轴测图、三维透视图等内容，可以帮助业主、施工、监理等相关各方准确理解设计内容。这些图纸与模型一样是 BIM 交付物的重要内容。

2）电子版 CAD、PDF 设计图纸

由 BIM 设计模型输出的 CAD 电子版图纸。可以用于业主招投标、项目报批、归档等用途，例如 DWG、PDF 等格式图纸。因此它也可以成为交付物的内容之一。

3）项目级 BIM 实施标准

对大规模、复杂体的特殊项目，甲方需要从设计、施工、甚至运维等全局考虑，事先制定本项目的 BIM 规范性文件《项目 BIM 实施标准》。BIM 实施标准也可以是非常重要的 BIM 交付物。

BIM 实施标准一般包含针对项目的 BIM 资源管理、BIM 的设计行为、设计交付标准以及针对具体工程技术的 BIM 技术规则等。《BIM 实施标准》用以约束、规范各相关方的 BIM 实施，保证工程项目的顺利进行，它也是大型、复杂项目 BIM 实施中必要的交付内容。

4）项目 BIM 模型

包括各种 BIM 模型，按照建设阶段可以分为设计模型与施工模型，按照应用角度可分为基础建模模型与 BIM 应用模型，按照专业可分建筑、结构、机电、幕墙、钢结构模型等。

5）其他 BIM 交付物

双方约定的其他交付物，如：项目 BIM 成果展示册、项目汇报、项目总结等文档，这些辅助内容虽然不是 BIM 交付物的独有内容，但也经常列为 BIM 交付物组合之一。此外，各种统计表、设备清单及工程量统计等大量数据文件，对于工程算量与成本控制、设备招投标和采购及各种数据分析、未来的项目运营维护都非常重要，是 BIM 应用价值延伸的条件之一，也是交付物中最重要的信息资产。

为保证 BIM 实施中的交付物有序交付，应在项目实施的相关文件中明确规定交付要求的具体内容，如：在招投标文件、合同条款、项目实施标准等规范性文件中逐一明确。也可专门编制交付要求规范文件。无论何种形式，交付要求都必须具体和易于执行。编制交付规范时应注意以下几方面：

① 设计单位在 BIM 交付时必须保证交付物的准确，符合双方合同规定的具体内容，也符合相关的设计要求，同时符合现行的设计规范。各专业以模型为基础交付的施工图纸，要进行必要的修改和标注，以达到图纸交付的要求。

② 以模型为主的交付物在交付时要进行交付审查，以达到交付物的标准，在项目实施之初就应确定交付物的审查方法和流程，交付审查过程中要特别关注模型的信息内容与模型深度是否一致。

③ 交付物的交付中必须考虑信息的有效传递。根据交付物的使用目的，确保能使几何信息和非几何信息为应用者有效使用，如：转换成浏览模型以供可视化应用，转换成分析模型以供性能分析使用，输出二维施工图纸供交付图纸之用，输出统计、计算表格辅助提高工程量计算的准确性。

④ 在交付要求中须确定文件保存和交换的具体格式的通用性，以利于各阶段的使用。

⑤ 在交付要求中要注重知识产权的划定，并应在合同或约定中详细确定，交付时应予关注。

（2）各阶段 BIM 交付物深度

模型的细致程度，英文称作 Level of Details，也称为 Level of Development（LOD），描述了一个 BIM 模型构件单元从最低级的近似概念化的程度发展到最高级的演示级精度的步骤。美国建筑师协会（AIA）为了规范 BIM 参与各方及项目各阶段的界限，在其 2008 年的文档 E202 中定义了 LOD 的概念。这些定义可以根据模型的具体用途进行进一步的发展。

模型的细致程度，定义如下：

100. Conceptual 概念化

200. Approximate geometry 近似构件（方案及扩初）

300. Precise geometry 精确构件（施工图及深化施工图）

400. Fabrication 加工

500. As-built 竣工

其中：

LOD 100—等同于概念设计，此阶段的模型通常为表现建筑整体类型分析的建筑体量，分析包括体积、建筑朝向、每平方造价等。

LOD 200—等同于方案设计或扩初设计，此阶段的模型包含普遍性系统，包括大致的数量、大小、形状、位置以及方向。LOD 200 模型通常用于系统分析以及一般性表现目的。

LOD 300—模型单元等同于传统施工图和深化施工图层次。此模型已经能很好地用于成本估算以及施工协调，包括碰撞检查、施工进度计划以及可视化。LOD 300 模型应当包括业主在 BIM 提交标准里规定的构件属性和参数等信息。

LOD 400—此阶段的模型被认为可以用于模型单元的加工和安装。此模型更多地被专门的承包商和制造商用于加工和制造项目的构件，包括水电暖系统。

LOD 500—最终阶段的模型表现的是项目竣工的情形。模型将作为中心数据库整合到建筑运营和维护系统中去。LOD 500 模型将包含业主 BIM 提交说明里制定的完整的构件参数和属性。

在 BIM 实际应用中，项目管理方的首要任务就是根据项目的不同阶段以及项目的具体目的来确定 LOD 的等级，根据不同等级所概括的模型精度要求来确定建模精度。可以说，LOD 做到了让 BIM 应用有据可循。当然，在实际应用中，应该适度建模，满足应用要求即可。建模不足（确定的深度等级太低）或建模过度（确定的深度等级太高）均不可取。

住建部于 2008 年颁布了最新的《建筑工程设计文件编制深度规定》。该规定按照方案设计、初步设计和施工图设计三个阶段，详尽描述了建筑、结构、电气、给水排水、暖通等专业的交付内容及深度规范，这也是目前设计单位制定本企业设计深度规范的基本依据。根据不同的建模深度要求，北京市《民用建筑信息模型设计标准》中将模型深度划分为三个级别，与美国 AIA 的 LOD 深度基本对应，具体是：

1) 深度等级 I：大致相当于方案设计阶段所要求的深度。模型构件仅需表现对应建筑实体的基本形状及总体尺寸，无需表现细节特征及内部组成；构件所包含的信息应包括面积、高度、体积等基本信息，并可加入必要的语义信息。一般用于场地建模或方案设计阶段建模等。

2) 深度等级 II：大致相当于初步设计阶段所要求的深度。模型构件应表现对应的建筑实体的主要几何特征及关键尺寸，无需表现细节特征、内部构件组成等；构件所包含的信息应包括构件的主要尺寸、安装尺寸、类型、规格及其他关键参数和属性等。一般用于初步设计阶段建模以及施工图设计阶段可直接采购的建筑构件建模等。

3) 深度等级 III：大致相当于施工图设计阶段所要求的深度。模型构件应表现对应的建筑实体的详细几何特征及精确尺寸，应表现必要的细部特征及内部组成；构件应包含在项目后续阶段（如工程算量、材料统计、造价分析等应用）需要使用的详细信息，包括：构件的规格类型参数、主要技术指标、主要性能参数及技术要求等。

一般用于施工图设计阶段的模型深度等级与设计阶段并不能一一对应。在《民用建筑信息模型设计标准》中，给出了建筑、结构、机电、给水排水等专业不同设计阶段的建模深度，表 2.2-5 为机电专业的交付深度，其他专业的交付深度可查阅此标准原文。

系统	方案设计交付模型	初设设计交付模型	施工图设计阶段模型
供电系统	变、配电室(站)、弱电机房、电气(强电、弱电)竖井的位置、面积(只表示估算的位置、面积)	变、配电系统,包括高低压开关柜、变压器、发电机、控制屏、直流电源和信号屏等设备的体量模型及安装位置	(1)变、配电站,包括变压器、发电机、开关柜、控制柜、直流及信号屏柜、补偿柜、支架、地沟、防雷保护及接地装置等的简略模型及安装位置、尺寸等; (2)高低压供配电系统,包括配电箱、控制箱的简略模型及布置,记忆高低压输电线路的连接布置等; (3)竖向配电系统。以建筑物、构筑物为单位,自电源点开始至终端配电箱止,按所处的相应楼层分别布置所需的配电设备及装置(设备及装置可以简略模型表示)
照明系统		包括照明灯具、应急照明灯、配电箱(或控制箱)的体量模型及位置,无需连线	配电箱、灯具、开关、插座、线路等布置
消防系统		消防及安全系统控制,及设备的体量模型及布置,如火灾自动报警系统、安全技术防范系统等	(1)火灾自动报警系统,包括消防控制室设备的简略模型及布置;各层消防装置及器件(探测器、报警器等)的布点,连线等; (2)保安监控系统、巡更系统、传呼系统及车辆管理系统等控制室设备的简略模型及布置,监控、传感设备及器材的简略模型及布置; (3)防雷、接地系统,包括避雷针、避雷带、引下线、接地线、接地极、测试点、断接卡等的简略模型及布置
信息系统		信息系统控制室及设备的布置,如有线电视和卫星电视接收系统、广播、扩声与会议系统、建筑设备监控系统、信息系统(计算机网络和通信网络)等	电视系统、通信网络系统(电话、广播、会议等)、计算机网络系统等的机房主要设备简略模型及布置

注:其中配电箱以简略模型表示,而灯具、开关插座等小型装置用通用的模型表示即可,不需创建详细的模型构件。

下面表 2.2-6～表 2.2-10 详细给出了在某会展中心项目中施工图阶段模型交付深度的实例,区分构件,详细描述了设计各个专业在本项目施工图模型交付深度要求。对于在施工图设计阶段还不能确定的设备,采用包容性设计,预留建筑空间,以满足专业间碰撞检测以及维修空间检查的需要。

编号	子项	施工图建模精度
A1	墙	墙的形状、尺寸和位置,墙的材料、面层、热工参数等
A2	门	门(包括卷帘)的形状、尺寸和位置,包含材质信息
A3	窗	窗的形状、尺寸和位置,包含材质信息
A4	楼板	楼板的形状、尺寸和位置,面层信息等
A5	电梯	电梯(包含电梯基坑、井道和电梯机房)的形式、尺寸和位置,含自动扶梯
A6	楼梯	楼梯(包括踏步踏板及扶手栏杆)的形式、尺寸和位置
A7	家具及配饰	家具的形式、大小、位置
A8	车库	包含停车位,汽车坡道和行车道路转弯半径等信息
A9	屋顶	包含屋面排水坡度、落水口、排水沟、屋顶设备基础等,屋顶热工参数、做法等,幕墙部分仅表达分格形式及外部尺寸
A10	吊顶	吊顶高度控制,不做划分

编号	子项	施工图建模精度
S1	板	楼板的形状、尺寸和位置,楼板厚度
S2	梁	梁的形状、尺寸和位置;表达混凝土梁的混凝土强度等级,保护层厚度,抗震等级;表达钢梁的钢材型号
S3	柱	柱的形状、尺寸和位置;表达混凝土柱的混凝土强度等级,保护层厚度,抗震等级;表达钢柱的钢材型号
S4	梁柱节点	精确表达钢结构节点中翼缘、腹板、衬垫板的位置、尺寸、钢材型号;螺栓型号、布置;焊缝尺寸,类型,角度,总体设计按出图深度建模,满足建筑、结构及机电专业间碰撞需要,详细节点和截面深化由钢结构深化单位深化设计并提供 BIM 模型
S5	墙	墙的形状、尺寸、位置,混凝土强度等级及保护层厚度
S6	预埋及吊环	表达预埋件及吊环的布置、尺寸、钢材型号
S7	基础	表达基础布置、标高、混凝土强度等级
S8	桁架	精确表达桁架各杆件布置,钢材型号,以及各节点中的节点板布置;表达焊缝尺寸及角度,总体设计按出图深度建模,满足建筑、结构及机电专业间碰撞需要。详细节点和截面深化由钢结构深化单位深化设计并提供 BIM 模型
S9	柱脚	精确表达柱脚中螺栓,预埋板的尺寸,钢材型号,总体设计按出图深度建模,满足建筑、结构及机电专业间碰撞需要,详细节点和截面深化由钢结构深化单位深化设计并提供 BIM 模型

编号/分项		子项	施工图建模精度
1	供配电系统	母线	母线的形状、尺寸和安装位置
		配电箱	配电箱的形状、尺寸和安装位置
		变、配电站内设备	变压器、高低压配电柜、直流屏、母线桥等的形状、尺寸和安装位置
2	照明系统	照明	非精装区域照明灯具形状、尺寸和安装位置
		开关插座	非精装区域开关插座形状、尺寸和安装位置
3	线路敷设及防雷接地	避雷设备	避雷设备的规格、尺寸和位置
		桥架	桥架的形状、尺寸和安装位置
		接线	明敷管线及管径大于 40mm 的暗敷管线规格和路由
3	火灾报警及联动控制系统	探测器	探测器的规格、尺寸和安装位置
		按钮	按钮的规格、尺寸和安装位置
		火灾报警电话设备	火灾报警电话设备的规格、尺寸和安装位置
		火灾报警机房设备	仅预留建筑空间
4	桥架线槽	桥架	桥架的形状、尺寸和安装位置
		线槽	线槽的形状、尺寸和安装位置
5	通信网络系统	插座	非精装区域插座的形状、尺寸和安装位置
	弱电机房	机房内设备	仅预留建筑空间
6	其他系统设备	广播设备	仅预留路由
		监控设备	仅预留路由
		安防设备	仅预留路由

编号/项目		子项	施工图建模精度
11	管道系统设备	有压管道	管道的公称直径、管材、平面定位、安装高度
		重力管道	管道的公称直径、管材、平面定位、安装高度、坡度
		管道附件、阀门	管道附件及阀门的规格、材质、安装位置、朝向
		加压、稳压设备	加压、稳压设备的额定工况参数、大概外形尺寸、安装定位
		水箱	水箱的外形尺寸、材质、安装定位、人孔及通气管等水箱附件的安装位置及规格
		排水处理装置及设施	排水处理装置及设施的额定工况参数、大概外形尺寸、安装定位
		气体灭火装置	气体灭火装置的额定工况参数、大概外形尺寸、大概安装定位
22	仪表	水表、压力表、水位计	仪表的规格、安装位置、朝向
33	末端	喷头(如喷淋、水喷雾、气体灭火)	喷头的规格、安装位置
		消火栓箱	消火栓箱的规格、外形尺寸、安装位置
		水炮	水炮的规格、大概外形尺寸、大概安装定位

编号/分项		子项	施工图建模精度
11	暖通风系统	风管道	风管的形状、尺寸、位置、标高及保温
		管件	风系统管件的尺寸、位置及保温
		附件	风系统附件的尺寸及位置
		末端	风系统末端的尺寸及位置
		阀门	风系统阀门的尺寸及位置
		机械设备	风系统设备的型号、尺寸及位置
22	暖通水系统	水管道	水管的尺寸、位置、标高及保温,重力水管的坡度
		管件	水系统管件的尺寸、位置及保温
		附件	水系统附件的尺寸及位置
		阀门	水系统阀门的尺寸及位置
		设备	水系统设备的型号、尺寸及位置
		仪表	水系统仪表的位置

(3) 模型色彩参考

模型色彩标准的制定是为了现场多个参建方的模型整合后能得到一个统一颜色的模型,此外,还需考虑模型搭建方以及模型审阅者的颜色使用习惯。例如设计方常常使用黑色作为建模软件的背景色,那制定 BIM 色彩标准时应尽量避免使用黑色作为模型的颜色。表 2.2-11 给出了某会展中心项目的模型色彩标准。

管道名称	R G B	管道名称	R G B	管道名称	R G B
冷、热水供水管	255,153,0	消火栓管	255,0,0	强电桥架	255,0,255
冷、热水回水管		自动喷水灭火系统	0,153,255	弱电桥架	0,255,255

管道名称	RGB	管道名称	RGB	管道名称	RGB
冷冻水供水管	0,255,255	生活给水管	0,255,0	消防桥架	255,0,0
冷冻水回水管		热水给水管	128,0,0	厨房排油烟	153,51,51
冷却水供水管	102,153,255	污水-重力	153,153,0	排烟	128,128,0
冷却水回水管		污水-压力	0,128,128	排风	255,153,0
热水供水管	255,0,255	重力-废水	153,51,51	新风	0,255,0
热水回水管		压力-废水	102,153,255	正压送风	0,0,255
冷凝水管	0,0,255	雨水管	255,255,0	空调回风	255,153,255
冷媒管	102,0,255	通气管	51,0,51	空调送风	102,153,255
空调补水管	0,153,50	窗玻璃冷却水幕	255,124,128	送风/补风	0,153,255
膨胀水管	51,153,153				
软化水管	0,128,128				

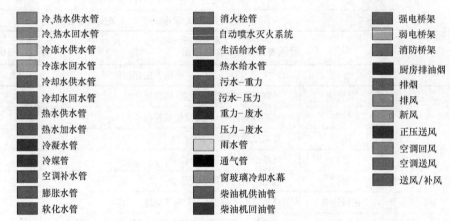

2.2.4 BIM 模型的创建、管理与共享

项目团队的沟通交流方法、模型文件管理以及提交、模型版本、文件的唯一性控制等内容是十分重要的管理活动，有效的沟通协作与共享机制是项目成功的基本保证。

（1）沟通协作与共享机制

1）报告机制：项目成员应首先在小组内部讨论解决问题，如不能解决应按照项目组织结构图所列逐级及时向组长，乃至项目领导组汇报，所有重要问题都应有书面材料。

2）沟通机制：项目的核心合作团队的所有的电子通讯方式归档。建立 BIM 项目通讯录。

3）例会机制：建立协调会机制，形成会议纪要和相关备案制度。对所有的项目会议与专题讨论会议等编写出会议纪要，对会议做出的各项决定或讨论的结果进行文档记录、整理，并通过邮件分发给与会者和有关的项目人员。

4）问题跟踪机制：项目成员在遇到问题时，应首先建立问题书面记录，并有随后的跟踪记录，经过各种方式使问题得到解决以后，形成解决结果记录，以便实施完毕有据可查。问题的跟踪应落实到相关的具体项目成员，由具体的项目成员协调资源，及时使问题得以解决，从而保证项目的顺利进展。

5）文档管理机制：建立专门的项目文档，包括分析报告、计划、阶段成果确认、问题处理记录、会谈记录、培训记录、来往信函等所有与项目有关的文档，以项目文档跟踪整个项目过程。若以 BIM 平台集中管理文件，则需要明确共享文件的位置与权限、文件的迁入迁出。

6）变更审批控制：所有需求变动均由相关项目组讨论通过，并提交项目经理审核确认，从而有效管理项目过程中出现的任何重大变动。

（2）BIM 模型的管理控制

为了保证项目每个阶段的模型质量，必须定义和执行模型质量控制程序。在项目进展过程中建立起来的每一个模型都必须预先计划好模型内容、详细程度、格式、负责更新的责任方以及对所有参与方的发布等。

每个参建单位都应该设置 BIM 质量控制经理岗位，负责建立 BIM 模型的质量保证计划，收发并整合模型，进行信息和数据标准性检查，确保模型符合要求。在进行过程检查以及成果验收的质量控制中，需要提前划分工程阶段，对检查内容、参检单位、主审单位、检查要点、检查频率以及验收时间进行规划（表 2.2-12）。

过程检查质量控制内容　　　　　　　　　表 2.2-12

阶段	检查内容	检查单位	参与单位	检查要点	检查频率/验收时间
设计阶段	设计模型	业主、BIM 咨询总承包方	设计	是否按照进度进行建模，模型与图纸的一致性	每半个月
施工阶段	施工模型	业主、BIM 咨询总承包方	设计、施工、监理	是否按照进度进行模型更新，模型是否符合要求	每月
施工阶段	专项深化设计复核	业主、BIM 咨询总承包方	设计、施工、监理	深化设计模型是否符合要求	每月

参照美国的 BIM 实施标准，模型质量验收方法主要从四方面来考虑（表 2.2-13）。

美国 BIM 实施标准的模型质量验收方法　　　　表 2.2-13

检查方式	定义	责任方	使用软件	检查周期
视觉检查	保证模型体现了设计意图，没有多余的部件			成果产生过程中
碰撞检查	检查模型中不同部件之间的碰撞			成果提交后
标准检查	检查模型是否遵守相应的 BIM 和 CAD 标准			成果提交后
元素核实	保证模型中没有未定义或定义不正确的元素			成果提交后

（3）模型的共享机制

在协同设计中，往往需要建筑结构以及机电设计人员协同建模，共享彼此的设计成果。协同建模通常有两种工作模式："工作共享"和"模型链接"，或者两种方式混合。这两种方式各有优缺点。以下以 REVIT 软件为例进行说明。

链接模型主要用于链接独立的建筑，如构成校园的建筑。例如，场地平面（图 2.2-9）显示了链接到一个模型的 4 个建筑模型。

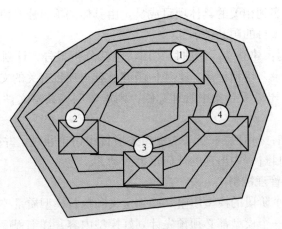

图 2.2-9 某链接模型范例

可将链接模型用于场地或校园上的独立建筑、由不同设计小组设计或针对不同图纸集设计的建筑的若干部分，或不同规程（例如，建筑模型与结构模型）之间的协调。链接模型也可用于下列情况：

① 城市住宅设计（当城市住宅之间的几何相互作用较小时）；

② 设计早期阶段的建筑重复楼层，其中增强的模型性能（例如，快速修改传播）比完全的几何相互作用或完整细节更重要。

工作共享是一种设计方法，此方法允许多名团队成员同时处理同一个项目模型。在许多项目中，会为团队成员分配一个让其负责的特定功能领域。如图 2.2-10 所示。

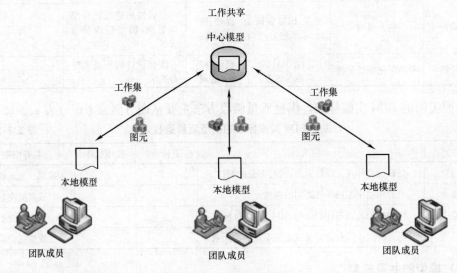

图 2.2-10 工作共享拓扑

两者最根本的区别是："工作共享"允许多人同时编辑相同模型，而"模型链接"是独享模型，当某个模型被打开编辑时，其他人只能"读"而不能"改"，简单说明如下：

理论上讲"工作共享"是最理想的工作方式，既解决了一个大型模型多人同时分区域建模的问题，又解决了同一模型可被多人同时编辑的问题。而"模型链接"只解决了多人同时分区域建模的问题，无法实现多人同时编辑同一模型。虽然"工作共享"是理想的工作方式，但由于"工作共享"方式在软件实现上比较复杂，Revit 软件目前在性能稳定性和速度上都存在一些问题，而"模型链接"技术成熟、性能稳定，尤其是对于大型模型在协同工作时，性能表现优异，特别是在软件的操作响应上。例如，某个项目曾做过一个测试，把该项目的 2 个区使用"工作共享"的方式对模型进行编辑，与打开一个区，另一个区则是通过链接方式链接进来，在性能上链接的方式速度要快得多。

由于"模型链接"方式对于链接模型只是作为可视化和空间定位参考，不用考虑对其进行编辑，所以在软件实现上就简单得多，占有硬件和软件资源都少，性能自然就提高了。

为了进一步测试"模型链接"的性能，某个项目还做了另外一个测试，就是既不使用"模型链接"也不使用"工作共享"方式，纯粹就是把项目的两个区合并成一个模型，与上述"模型链接"方式比较，在性能上链接的方式速度还是要快得多。

2.2.5 BIM 应用的软硬件系统方案设计

(1) 软件方案设计

项目早期，各参建方需要选择合适的软件以及软件的版本，以满足 BIM 应用以及数据交换文件格式的要求。例如大型项目的多个模型整合时，常有专业文件无法导入、整合位置偏移、导入内容缺失等问题导致整合文件无法满足 BIM 应用需要。图 2.2-11 和表 2.2-14 分别罗列出了常见的 BIM 软件类型及 BIM 软件参考表。

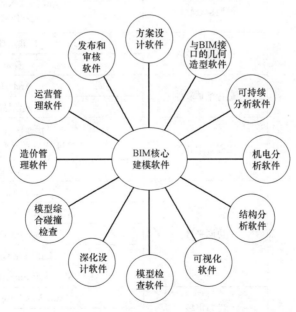

图 2.2-11　BIM 核心建模软件

最近，随着 BIM 技术快速发展，BIM 协同平台在 BIM 作业过程中占据越来越重要的位置，信息在传递过程中的正确性、完整性、时效性全部依赖平台完成，越来越多的管理者认为，BIM 信息传递过程中，应该尽量减少人为的干扰，应实现广义的协同以及管理留痕。在住建部《关于推进建筑信息模型应用的指导意见》（2015）的文件中，也提到了

"……3. 建立 BIM 数据管理平台。建立面向多参与方、多阶段的 BIM 数据管理平台，为各阶段的 BIM 应用及各参与方的数据交换提供一体化信息平台支持……"。越来越多的工程建设单位对基于 BIM 的协同平台的要求迫切，以期待解决如下的问题：

BIM 软件分类参考表　　　　　　　　　　　　表 2.2-14

软件类别	软件专业	软件名称
数据/信息表示软件	核心建模软件	Autodesk Revit
		Dassault Digital Project
		鲁班建模软件
		Dassault CATIA
	几何造型软件	Sketch up
		Rhino
数据/信息使用软件	可持续分析软件	Echotect
		PKPM
	机电分析软件	鸿业
		MagiCAD
	可视化软件	3DS Max
		Lumion
		Twin Montion
	模型检查软件	Autodesk Navisworks Luban BIM Work
	造价管理软件	广联达算量
		鲁班
	运行维护软件	ArchiBus
		蓝色星球
	工程管理软件	广联达 BIM5D 鲁班 BIM 系统平台管理软件
		Vico
数据/信息管理软件	协同平台	Autodesk Vault
		鲁班 BIM 系统平台管理软件
		Dassault Enovia
		Autodesk Glue 360
		Microsoft Sharepoint Server
	发布审核	Autodesk Design Review
		Adobe 3D PDF

　　1) 参建方众多，多渠道数据的集成管理需求。业主方、主设计方、BIM 咨询方、施工总承包商方、幕墙钢结构等深化设计方等，都会在业主的统一管理下展开 BIM 应用。由于每一参建方都需要创建、管理各自的 BIM 信息，若仍采用传统的点对点的信息沟通方式，则在项目建设过程中会发生信息丢失问题。项目参建各方由点对点的沟通方式转变

为基于信息系统的集中式沟通方式，是 BIM 协同平台信息管理的基本需求。

2）项目信息以及 BIM 模型文件格式多样化，整合非结构化数据的需求。大型项目各专业、各参建方所使用的 BIM 软件类型非常多，此类数据的特点是大多以文件形式存在，很难保存在一般的数据库系统中，只有把文件所包含的关键数据存储在数据库系统中，才能实现 BIM 信息的整合，并为业主所用。

3）BIM 模型的存储与内部数据检索的需求。目前市场上已经有一些成熟的图档管理软件，可以实现普通图文档的数据协同、版本处理以及文件归档等功能，但是 BIM 数据有其自身的特点，普通的图文档软件无法胜任 BIM 数据的管理需求。一是 BIM 文件一般比较大，大数据量的网络传输时间长，用户浏览模型的效率问题无法解决；二是 BIM 文件包含的信息量非常大，需要迫切研究深入 BIM 文件内部的数据检索问题；三是一个 BIM 文件的形成需要众多项目参建主体的参与，BIM 实体对象关系复杂，BIM 时代的数据协作标准、BIM 文件命名规则、BIM 文件版本控制标准等基础性问题亦需要仔细斟酌。

4）BIM 模型用于项目管理的需求。BIM 模型除了完成常见的 BIM 设计优化、施工组织模拟、三维出图以及可视化交底等常见专业应用外，必须完成帮助业主进行合同管理成本分析等项目管理功能才能更有效地发挥 BIM 的作用。

综上，BIM 平台的功能至少应包括两方面内容：1）管理模型文件；2）抽取模型文件信息用于项目管理。

例如，在《深圳市建筑业主方政府公共工程 BIM 应用实施管理标准》中，也提到了 BIM 协同平台的应用，并对平台功能的要求如下：

A. 保证多源 BIM 模型的有效提交。

B. 保证工程建设与管理信息的无损传递。

C. 保证工程建设相关方的协同工作。

D. 实现模型与信息的有效管理。

E. 实现园区管理制度及建设标准对工程项目建设与管理的自动审核。

F. 保证信息资源库的高效管理和使用。

G. 保证园区 BIM 应用价值的实现。

H. 满足信息安全的基本要求。

下面为某会展中心项目的软件方案实例（表 2.2-15），BIM 专业软件的应用主要考虑能保证建模需要以及 BIM 数据的流转。

某会展中心项目的软件方案实例   表 2.2-15

任务	软件工具	文件格式	备注
建筑模型	Autodesk Revit 2014	RVT	
结构模型	Autodesk Revit 2014	RVT	
模型漫游	Autodesk Navisworks 2014	NWD/BIMx	
展示动画	Lumion3.0，Autodesk 3ds2014	AVI	指定内容的视频文件
模型整合	Navisworks 2014	NWD	整合软件 Navisworks
钢结构	Tekla Structures17.0，Revit 2014	STD/DXF/RVT	
机电	MagiCAD 2012Revit 2014	DGN/DXF/RVT	
幕墙	CATIA，Revit 2014	CGR/RVT	
多参与方 BIM 管理平台	定制开发		结合项目进行开发

本项目通过多参与方 BIM 管理平台对全过程的 BIM 应用进行管理、展示和协同，所开发的平台功能包括 BIM 资源管理、数据存储、模型浏览、4D 进度管理、5D 投资控制、统计分析、云端协同工作、展馆云端展示及项目管理等模块。

(2) 硬件方案设计

IT 基础架构包括计算资源、网络资源及存储资源等。BIM 对于一个项目团队，可以根据每个成员的工作内容，配备不同的硬件，形成阶梯式配置。比如，单专业的建模可以考虑较低的配置，而对于多专业模型的整合就需要较高的配置，某些大数据量的模拟分析可能所需要的配置就会更高。若采用网络协同工作模式，则还需设置中央存储服务器。

在一些大型或复杂的项目中，当 BIM 数据呈数量级增加时，计算机的反应速度呈现数量级的下降，导致很多用户对 BIM 产生怀疑。因此要用好 BIM，除了前期对硬件的合理规划外，之后的合理使用也很重要。

BIM 基于三维的工作方式，对硬件的计算能力和图形处理能力提出了很高的要求。BIM 建模软件相比较传统二维 CAD 软件，在计算机配置方面，需要着重提高 CPU、内存和显卡的配置。

1）CPU：即中央处理器，是计算机的核心，推荐拥有二级或三级高速缓冲存储器的 CPU。采用 64 位 CPU 和 64 位操作系统对提升运行速度有一定的作用，多核系统可以提高 CPU 的运行效率，在同时运行多个程序时速度更快，即使软件本身并不支持多线程工作，采用多核也能在一定程度上优化其工作表现。

2）内存：它是与 CPU 沟通的桥梁，关乎着一台电脑的运行速度。越大越复杂的项目会越占内存，一般所需内存的大小应最少是项目内存的 20 倍。由于目前大部分用 BIM 的项目都比较大，一般推荐采用 4G 或 4G 以上的内存。

3）显卡：对模型表现和模型处理来说很重要，越高端的显卡，三维效果越逼真，图面切换越流畅。应避免集成式显卡，集成式显卡要占用系统内存来运行，而独立显卡有自己的显存，显示效果和运行性能也更好些。一般显存容量不应小于 512M。常见的 REVIT 建模软件，对显卡要求并不高，REVIT 集成的 mental ray 渲染引擎已经被 NVIDIA 公司收购，因此我们可以推断 REVIT 软件应该对 NVIDIA 显卡的支持更好一些。

4）硬盘：硬盘的转速对系统也有影响，一般来说是越快越好，但其对软件工作表现的提升作用没有前三者明显。

BIM 硬件采用个人计算机终端运算、服务器集中存储的 IT 基础架构，该架构方式技术成熟，应用广泛，是目前企业级 BIM 实施过程中主流的 IT 基础架构，也是大多数设计企业在一段时间内采用最多的和最实际的基础硬件环境。相对于传统 CAD 设计，BIM 设计对该架构的个人计算机终端及网络环境的硬件要求较高。针对其 BIM 系统平台的硬件要求推荐了三种配置详见表 2.2-16。而对于网络服务器，参考推荐的硬件要求见表 2.2-17。

硬件配置推荐 表 2.2-16

项目	最低要求（入门级配置）	高性价比（价格与性能平衡）	性能优先（针对大型复杂模型）
操作系统	Windows 7 以上 64 位	Windows 7 以上 64 位	Windows 7 以上 64 位

项目	最低要求(入门级配置)	高性价比(价格与性能平衡)	性能优先(针对大型复杂模型)
CPU	单核或多核 Intel® Pentium®，Xeon®，or i-Series 处理器或性能相当的 AMD® SSE2 技术处理器，推荐使用尽量高的 CPU 配置	多核 Intel® Xeon, or i-Series 处理器或性能相当的 AMD SSE2 技术处理器，推荐使用尽量高的 CPU 配置	多核 Intel Xeon, or i-Series 处理器或性能相当的 AMD® SSE2 技术处理器，推荐使用尽量高的 CPU 配置
内存	4GB RAM 通常可满足不超过100MB 的单个模型文件进行典型编辑操作。此估算是基于内部测试和用户报告，不同的模型可能会对计算机资源有不同的消耗和运行速度	8GB RAM 通常可满足不超过300MB 的单个模型文件进行典型编辑操作。此估算是基于内部测试和用户报告，不同的模型可能会对计算机资源有不同的消耗和运行速度	16GB RAM 通常可满足不超过700MB 的单个模型文件进行典型编辑操作。此估算是基于内部测试和用户报告，不同的模型可能会对计算机资源有不同的消耗和运行速度
视频显示	1280×1024 真彩	1680×1050 真彩	1920×1200 真彩或更高
图形显示适配卡	基本图形卡：支持 24 位彩色的显示适配器	支持 DirectX 10 及 Shader Model 3 的显卡	支持 DirectX 10 及 Shader Model 3 的显卡
硬盘	320GB 可用磁盘空间	640GB 可用磁盘空间	1024GB 可用磁盘空间 10,000RPM 转数以上(交互式处理点云数据)
输入设备	微软或 3Dconnexion 兼容设备	微软或 3Dconnexion 兼容设备	微软或 3Dconnexion 兼容设备
外接媒体	由 DVD 或 USB 口进行下载安装	由 DVD 或 USB 口进行下载安装	由 DVD 或 USB 口进行下载安装
网络连接	互联网连接以进行许可注册和基本组件下载	互联网连接以进行许可注册和基本组件下载	互联网连接以进行许可注册和基本组件下载

网络服务器硬件要求　　　　　　　　　　　　　表 2.2-17

描述项	需求		
操作系统	Microsoft Windows Server 2008 64 位 Microsoft Windows Server 2008 R2 64 位		
WEB 服务器	Microsoft Internet Information Server 7.0 或更高版本		
小于 100 个并发用户(多个模型并存)	最低要求	高性价比	性能优先
CPU 类型	4 核及以上 2.6GHz 及以上	6 核及以上 2.6GHz 及以上	6 核及以上 3.0GHz 及以上
内存	8GB RAM	16GB RAM	32GB RAM
硬盘	7,200＋ RPM	10,000＋ RPM	15,000＋ RPM
100 个以上并发用户(多个模型并存)	最低要求	高性价比	性能优先
CPU 类型	4 核及以上 2.6GHz 及以上	6 核及以上 2.6GHz 及以上	6 核及以上 3.0GHz 及以上

描述项	需求		
内存	8GB RAM	16GB RAM	32GB RAM
硬盘	10,000＋RPM	1,500＋RPM	高速 RAID 磁盘阵列
100 个以上并发用户 （多个模型并存）	支持 VMware and Hyper-V 系统（请参考 Revit Server 管理员指南手册）		
网络	百或千兆局域网支持本地网络协同设计；安装 Revit Server 工具并配置专用服务器可支持广域网协同设计		

关于各个软件对硬件的要求，软件厂商都会有推荐的硬件配置要求，但从项目应用BIM 的角度出发，需要考虑的不仅仅是单个软件产品的配置要求，还需要考虑项目的大小，复杂程度，BIM 的应用目标，团队应用程度，工作方式等。

对于集中数据服务器及配套设施，一般由数据服务器、存储设备等主设备及安全保障、无故障运行、灾备等辅助设备组成。企业在选择集中数据服务器及配套设施时，应根据需求进行综合规划，包括：数据存储容量要求、并发用户数量要求、实际业务中人员的使用频率、数据吞吐能力、系统安全性、运行稳定性等。在制定了明确的规划以后，可请系统集成商提供针对性方案，系统集成商将根据规划要求提出具体设备类型、参数指标及实施方案。

(3) 云技术方案设计

云技术是一个整体的 IT 解决方案，也是企业未来 IT 基础架构的发展方向。其总体思想是：应用程序可通过网络从云端按需获取所要的计算资源及服务。对大型企业而言，这种方式能够充分整合原有的计算资源，降低企业新的硬件资源投入、节约资金、减少浪费。云计算技术是 IT 技术发展的前沿和方向，也是企业未来最重要的 IT 基础架构。目前云计算一般可分为私有云、公有云、混合云等模式。基于对数据安全性和其他方面的因素考虑，很多大型企业希望以私有云的技术模式来搭建企业自己的 IT 基础架构。

企业私有云技术的 IT 基础架构主要特点是，企业需自行搭建云服务架构，并通过企业局域网提供相关的计算资源及服务。虽然云计算具有能够充分整合企业原有的计算资源，减少企业新的硬件资源投入，大幅降低系统维护的成本等优势，但基于企业私有云技术的 IT 基础架构还处于初步应用阶段，特别是对于 BIM 技术的应用支持更处于探索阶段。随着云计算应用的快速普及，必将实现对 BIM 应用的良好支持，成为企业在 BIM 实施中可以优先选择的 IT 基础架构。

例如，某集团作为大型机电安装企业，很早就开始了企业级的 BIM 实施研究工作，并选择了基于"私有云"的 BIM 应用 IT 基础架构，系统方案如图 2.2-12 所示。

私有云服务器端升级至可分散处理的基础云架构，同时在公司内部形成设计和应用两个集群。设计集群私有云端所有设计平台都采用云模式运转，所有设计资源（软硬件）进行集中管理，均衡地负载到每台物理服务器；设计用户端以虚拟资源模式自动分配硬件资源，按需自动调整每个占用状况，同时所有设计数据都集中到数据库集中控制，按需共享，达到设计资源的综合利用。为了集合模型的拓展应用，在应用集群和设计集群间设置模型轻量化转换程序，以提供针对某一应用的轻量化模型。

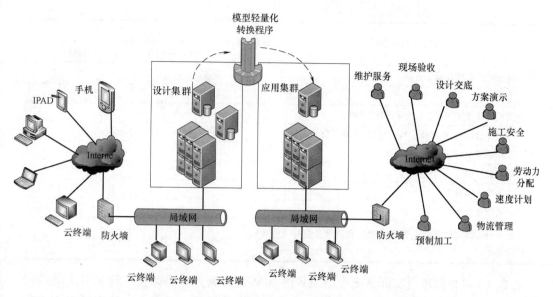

图 2.2-12 某企业私有云技术 IT 基础架构系统方案

需要说明的是，企业私有云技术的 IT 基础架构，在搭建过程中需要选择和购买云硬件设备及云软件系统，同时也需要专业的云技术服务才能完成，企业需有相当数量的资金投入。基于私有云技术的 IT 基础架构建设是一个复杂的系统工程，对于是否采用私有云技术、何时开始实施、实施到什么程度、什么规模等问题，企业不应仅单独考虑某一个系统的应用（如 BIM 应用等），而应当根据整体经营发展战略的需要进行总体规划、分步实施。

2.3 BIM 实施规划的控制

2.3.1 BIM 应用参与各方任务分工与职责划分

根据 BIM 实施目标和 BIM 组织方的自身特点，明确 BIM 实施模式，例如业主项目的 BIM 实施模式大致就可以分业主自主模式、设计主导模式以及咨询辅助模式等，不同的实施模式对设计、监理、施工以及后期的运营单位等的任务分工以及人员能力会有不同的要求。随着 BIM 在我国的普及，项目参建商通过自建或者寻求协作等方式都已经具备了 BIM 应用能力，因此许多项目对参建商的 BIM 应用角色以及人员配置和能力都在招标书中直接提出了要求，并落实在双方的商务合同中。在表 2.3-1 中针对每项 BIM 服务内容，列出了相关责任方的职责分工。

某工程 BIM 服务内容与职责分工表　　　　　　　　　　　　　　　表 2.3-1

标注	P	=	执行主要责任	S	=	协办次要责任
	R	=	审核	A	=	需要时参与
	I	=	提供输入信息	O	=	确认输出信息

1	BIM 项目实施	BIM 领导组	实施组			
			BIM 咨询方	设计	监理	施工
i	设计阶段建模及模型更新					
	工作内容					
	按照设计施工图建立全专业 BIM 模型		A	P		
	在设计过程中，根据碰撞检查结果，更新模型		A	P		
	工作成果					
	综合设计模型		R	P		
	生成的碰撞报告		R	P		
	各阶段更新模型	R	R	P		
	在充分协调模型基础上提供工程量和进度信息并持续完善	S	A/R	R/O	A	P/I

表 2.3-1 可根据项目实际情况，由项目的 BIM 总协调方做出调整。若业主采用 BIM 咨询辅助的模式进行项目实施，则 BIM 咨询单位的常见职责如下所示，因 BIM 咨询团队负责项目的整体管理，故 BIM 协同平台的建设一般由其代为完成。

（1）负责收集各方所提交 BIM 模型，并按照项目规定进行审核。

（2）接受各方提交的模型碰撞结果，并把碰撞结果作为改进参考，反馈给相关单位。

（3）严格按照所制定的实施计划管理并监控 BIM 参与各方的进展。

（4）按照领导小组的要求，进行 BIM 标准制定、BIM 工作分工、课题申报、配合成果报奖工作。

（5）按照领导小组的要求，组织 BIM 关键业务讨论协调会议。

（6）参加项目组织的例会和阶段性项目工作会议。

（7）收集 BIM 实施各方的问题，并向领导小组反馈。

（8）作为 BIM 业务实施总体执行部门，项目结束后，负责所有 BIM 交付工作。

（9）负责 BIM 协同平台建设。

BIM 实施团队的标准表格可参考表 2.3-2 使用。

BIM 实施团队标准表格　　　　　　　　　　　　　表 2.3-2

专家团队					
	姓名	专业	工作年限	职称	主要工作经历
1	××××	建筑	20	教授级高工	
2	××××	计算机	15	教授级高工	

实施人员								
	姓名	专业	工作年限	职称	本项目中角色	角色描述	驻场时间	联系方式

2.3.2　BIM 实施规划的控制原则与方法

（1）明确的责任人员及组织方式

必须创建一个独立机构，负责企业或项目的 BIM 规划与实施支持，主动准备企业规划（实施标准）、组织保障、人员培训、平台选择等。

（2）准确的项目特征分析及计划

项目信息规定了项目的名称、位置、项目建筑特征、项目简要说明以及 BIM 实施时间计划表等内容。项目建筑特征是非常重要的一个因素，其决定了 BIM 应用侧重点以及应用目标，而且，同样 BIM 应用的实施，例如管线综合 BIM 应用实施，医院项目与一般保障房项目的实施复杂程度、成本支出以及实施方法都会有非常大的差异。项目 BIM 实施时间计划表也是非常重要的因素，其是 BIM 实施商务合同的重要组成部分。表 2.3-3 为《深圳建筑业主方政府公共工程 BIM 应用实施纲要（2015）》中的实施计划模板。

深圳建筑业主方政府公共工程 BIM 应用实施纲要（2015）实施计划模板　　表 2.3-3

（1）设计阶段 BIM 实施计划样表																		
项目阶段	实施单位	BIM模型深度	工作范围	方案模型阶段				初设模型阶段				施工图模型阶段			
				预计开始时间	预计结束时间	预计完成耗时（工作日）	完成内容	预计开始时间	预计结束时间	预计完成耗时（工作日）	完成内容	预计开始时间	预计结束时间	预计完成耗时（工作日）	完成内容

（2）施工阶段 BIM 实施计划样表															
项目阶段	实施单位	BIM模型深度	工作范围	深化模型阶段				模型应用阶段				竣工模型阶段			
				预计开始时间	预计结束时间	预计完成耗时（工作日）	完成内容	预计开始时间	预计结束时间	预计完成耗时（工作日）	完成内容	预计开始时间	预计结束时间	预计完成耗时（工作日）	完成内容

（3）精准的目标定位

BIM 应用目标是指通过运用 BIM 技术为项目带来的预期价值，一般 BIM 正式实施前需要根据项目的特点、复杂程度以及项目的难点，结合类似建筑业态的常见 BIM 应用，制定 BIM 实施总体目标，BIM 总体目标是指项目从建设初期到建成运营等整个项目周期内所要达到的预期目标，如降低成本、提高项目质量、缩短工期、提升效率和经济效益等。基于总体目标，对策划、设计、施工、运营等不同时期的 BIM 应用进行策划，制定各个阶段的里程碑计划以及阶段性详细目标。如在前期策划阶段，实现快速建模、方案效果可视化展示、模拟分析等。表 2.3-4 为参考示例表。

BIM 目标模板　　表 2.3-4

BIM 目标模板					
重要度(1-5)	目标描述	所对应 BIM 应用	主责任方	工作流程图	备注
工程阶段:施工图设计阶段					
1	提高专业设计质量	3D 设计审核	BIM 咨询方	有,参建×表	
		3D 设计/MEP 协作	××设计院	尚无	各方协商确定流程
2	提高沟通效率	3D 设计/MEP 协作	××设计院	有,参建×表	
		可视化设计交底	××设计院	有,参建×表	
		BIM 出图	××设计院	有,参建×表	

业主项目的 BIM 实施总体目标一般围绕四个部分展开：一是如何管理项目所有参建

方按照要求应用 BIM；二是保证建设过程中的 BIM 成果能够用于运维；三是应用 BIM 与既有项目管理系统或管理程序对接融合；四是开发基于 BIM 的专项应用，提供业主驾驭项目的能力。例如，某会展中心项目的 BIM 应用就是按照上述四个部分展开的，项目前期经业主牵头，BIM 总咨询单位等项目各 BIM 服务商经多次沟通讨论，确定的 BIM 整体实施目标如下：

1）建立从建筑设计到施工建造的一体化 BIM 模型，制定项目的 BIM 相关标准并完成各专项应用，利用 BIM 进行科学决策，提高项目整体管理水平，真正实现以 BIM 技术为指导的展馆项目建设管理模式，并实现管理理念的创新。

2）通过最大限度地提高设计质量，大幅降低工程建设中的管理风险源，达到降低工程成本，控制投资的目的，并有效地对工程建设各管理阶段的目标进行控制，为工程建设的顺利实施提供有力的技术保障，并为后期 BIM 运维奠定坚实基础。

3）建立基于 BIM 模型数据的项目管理平台，实现 BIM 资源的规范、有序管理，在工程建设全过程对多参与方的 BIM 应用进行协同管控，提高整体工作效率，达到各项管理目标。

在项目 BIM 整体实施目标制定后，可以根据项目的实施阶段，制定 BIM 应用的阶段性目标。例如表 2.3-5 为某工程桩基施工前期制定了桩基阶段的 BIM 应用阶段性目标。

某工程桩基阶段的 BIM 应用阶段性目标　　　　　　　　　　　表 2.3-5

阶段性目标	工作内容	涉及 BIM 参与方
形成 BIM 工作常态	保证 BIM 管理平台稳定运行，形成 BIM 工作流程	业主
模型保证进度	虚拟建造	业主、桩基施工、监理
模型发挥协调作用	BIM 配合技术交底，制定 BIM 交底规则	业主、设计、桩基施工、监理
辅助造价管理	基于模型算量	业主、监理、桩基施工

（4）整体规划分步实施

将 BIM 设置为企业或项目的长期战略，既要设定总体目标，又要设定阶段性目标，由于 BIM 发展还不是完全成熟，因此不要急于求成，根据 BIM 发展现状稳步推进，不完全以短期结果作为决策依据。

2.3.3　BIM 模型协调会议的计划与组织

随着 BIM 技术的应用范围越来越广，项目参与的各方也都在 BIM 应用方面下大力气，特别是随着业主方对于 BIM 技术在时间控制以及成本控制方面认识的加深，在 BIM 技术的应用方面也是积极推进的。在各方都在使用 BIM 技术的情况下，基于 BIM 模型的各种现场会议将会非常普遍并且高效。

（1）概念设计阶段模型协调会议主要是业主和建筑设计方进行沟通，完成业主对于方案的要求。业主方在模型协调会议上向设计方对于建筑物的基本信息作出陈述，包括区域位置、基地概况、方案构思、建筑物功能要求等信息。还要对于 BIM 模型的建立提出一定的要求，包括 BIM 软件的选择、平台的选择、建模深度等要求。建筑设计方利用三维模型数据对建筑物的基本信息进行陈述，在利用 BIM 完美表现设计创意的同时，还可以进行各种面积分析、体形系数分析、商业地产收益分析、可视度分析、日照轨迹分析等。

其他的项目参与方比如项目顾问、承包人、监理等根据建筑设计方所展示的模型提出自己的意见和修改建议，承包人或监理对建筑物的成本、进度和施工可行性提供反馈，以便于设计人员进行初步设计。

（2）初步设计阶段的协调会上，项目的各参与方可以依照设计单位提供的模型提出自己的可行性建议，完成模型数据的完善，为后期进行建筑的深化设计提供方向，设计单位应该根据前期概念设计向业主展示几个备选设计方案，以便业主进行选择。并且根据模型导出工程量，提供详尽的工程量清单和计算书。业主审阅建筑设计单位提供的模型，进行进一步的指导。听取设计方在项目经济效益、社会效益、环境效益的陈述，对设计方案进行最终确定。

（3）施工图设计阶段业主应该提供设计审阅并对设计决策提出指导意见，在模型协调会议上还要对后期的施工管理平台作统一的部署，以便设计单位将模型进行上传，实现模型信息的传递。建筑设计方应该根据初步设计阶段各方提出的要求进行模型的完善，进行专业深化设计模型的展示。经过模型协调会议的商讨，对各专业的设计成果进行集成、协调、修订和校核，并最终形成综合平面图、综合管线图。

施工阶段业主方利用模型监测施工，就施工问题和变动提出意见，要求施工方在模型协调会议上展示 4D 或 5D 施工模型，以及各专业综合模型，碰撞模型及修改方案等，并且就施工过程中安全问题、施工现场布置问题进行模型展示。

施工方要响应业主提出的要求，在模型会议上向参与各方进行演示与说明。对于施工的重点难点，使用 BIM 模型予以详细深化模型展示。根据模型提供的施工组织模拟的内容（节点大样、几何外观、内部构造、场地布置和运输组织、节点安装模拟等），对复杂施工组织进行可行性分析。在图纸会审、设计交底过程中，监理需要提取设计单位制作的设计模型并对模型深度和质量进行审查，根据关键节点的施工方案模拟对施工方案的合理性和可施工性进行评审。

协调会议的召开需注意以下问题：

1）练习和准备，对会议进行充分准备。这样做的越多，可以使会议变的越有效率。它需要一些技巧去导航模型，并达到正确的模型加载和可见性设置。会议之前首先进行加载模型等工作，加载大模型需要消耗一些时间，提前加载模型将为我们在会议期间节省大量的等待和下载时间。

2）指定一个"推动人员"。这个人需要熟悉模型以及深入了解软件平台。模型操作可能是相当繁琐的，当模型操作人员不能很好地操作模型时，会减慢会议进程，并且会极大降低工作效率和沟通效率。

3）明智地使用参会人员的时间。我们并不需要总是在同一时间将所有参会成员全部召集过来。考虑将会议分为结构性体系而分别处理。例如，只是将结构专业人员召集过来进行结构调整相关会议。然后这些结构工程师需要一些重叠时间与 MEP 工程师进行专业间的协调，并以 MEP 专业的协调会议作为结束。

4）使用会议记录并保持专注。打开操作项目记录和上期会议记录应该是本次会议讨论的基础。这样可以对各种事项保持追踪，并可以在新的问题条目之前解决开放的协调问题。

5）在项目早期及时讨论并执行此类会议流程。对于大多数人来说，使用这样的集中协同处理会议将是一个新的工作流程。这听起来需要较大的时间消耗，但如果做得正确且有效，从长远来看将节省现场人员的时间。

2.3.4 BIM 技术应用的合同设计

随着 BIM 技术在建设工程项目中的普及应用，无论是业主还是设计单位，都意识到了在合同中规范 BIM 应用的必要性。特别是在商业合同的相关条款中，对 BIM 应用的任务以及交付的内容、深度、质量提出明确、详细的规定，将有助于统一双方对 BIM 工作任务的理解，确定交付内容及深度，实现对 BIM 工作量的有效评估，保证交付质量，避免项目中的无效工作，从根本上保障双方利益。

(1) AIA 的合同文件

美国的相关机构于 2008 年推出了两个标准合同文件：美国的建筑师协会（AIA）提出的《AIA E202-2008-Building Information Protocol Exhibit》（建筑信息模型协议增编，以下简称 E202 ）；ConsensusDOC Consortium 所提出的《ConsensusDOCTM 301 -Building Information Modeling Addendum》（建筑信息模型附录，以下简称 CD301）。这两个合同文件针对 BIM 的应用进行了相应地规范，得到了业界的广泛认同，取得了良好的效果。

1）E202 合同文件

E202 是 2008 年 1 月制定完成的。AIA 出版的系列合同文件在美国建筑业界及国际工程承包界特别在美洲地区具有较高的权威性，应用广泛。AIA 系列合同文件分为 A，B，C，D，E，G 等系列，其中 E 系列文件主要用于数字化的实践活动。

E202 不是一个独立的合同文本，而是作为合同的附录用以补充现有的设计、施工合同文件中所存在的与 BIM 相关的方面规定缺乏的不足，并且特别规定，如果该附录的内容和所附属的合同有不一致的地方，该附录具有优先解释权。另外，E202 的主要作用是建立一个框架，即合同应该包括哪些内容，至于具体内容则应视不同的项目而定。E202 合同内容一共有四部分——基本规定、协议、模型的发展程度和模型元素表。其中，第一部分主要规定了该附录订立的原则以及相关词汇的定义，后面三个部分则是该附录的主体框架。

2）CD301 合同文件

ConsensusDOCTM301 条款的制定机构为 ConsensusDOCS，该组织是包括美国总承包商协会（AGC）等在内的 23 个企业、协会组成的一个联盟，其中美国总承包商协会是该联盟的领导者。虽然 CD301 主要由 AGC 的 BIM 论坛负责起草，但其中包含建筑师、结构工程师、业主、供货商、承包商、分包商、N13IMS 工作小组成员和律师等各方的代表，因而，其也可以适用于项目全生命周期。CD301 共有六个部分：基本原则、定义、信息管理、BIM 实施计划、风险管理和知识产权问题。

E202 和 CD301 是目前 BIM 领域中应用最广泛、最具权威性的合同文件，其有力地推动了美国 BIM 的发展和应用，并对我国开展相应的工作提供了很好的参考和借鉴。

(2) BIM 商业合同的内容

在民用建筑信息模型统一标准中，提出设计过程 BIM 商业合同的编制内容应重点包含如下几方面内容：

1）BIM 工作内容及交付物要求

应明确各专业在各设计阶段所需完成的 BIM 工作任务，以及各类交付物应涵盖的交付内容及深度要求。应尽量细化，可将此作为切实可行的交付物检查标准。

2）技术要求

应对 BIM 建模、BIM 模型信息等提出规范性要求，以达到交付模型信息的最大可利用价值。

3）项目组织及管理要求

由于 BIM 技术的应用将涉及多人、多专业、多方的协同工作，应首先明确承接方设定专门的负责人（即 BIM 项目经理）及其职责。同时，应明确承接方在项目的执行中须建立的各项规范，也可细化出具体的规范条款；应明确承接方在项目协同及协调工作中应承担的工作任务及职责。

4）交付物格式及文件组织要求

应明确交付文件的组织方式要求、交付文件格式及版本要求、交付物的介质要求等。

5）知识产权要求

应明确整个 BIM 项目中涉及的知识产权归属，包括：项目的交付物及过程文件、所形成的专利及专有技术、涉及的商业秘密等。

此外，合同履行期限、工作计划、价款或者报酬、付款方式、工作地点和方式、违约责任、争议解决的方法等内容，与设计项目实际情况有关，可依据设计项目主合同内容及项目实际情况增加相应条款。

(3) 举例

下面列出某会展中心项目的桩基阶段的 BIM 合同内容，分 BIM 服务内容、交付标准、产权要求、报价以及违约责任四部分内容。

桩基的 BIM 服务范围为国家会展中心一期工程，BIM 技术服务标准包括但不限于如下内容：

1）模型深化

甲方将提供桩基设计模型，中标人依据甲方提出的实施标准，将甲方提供的桩基设计模型深化至满足桩基施工阶段 BIM 应用的标准。

2）模型应用

中标人应根据施工组织设计制作桩基工程施工期间的 4D 施工组织设计。其中应包含但不限于以下实施内容：

① 工程建设过程中的 4D 施工进度模拟。中标人应根据业主提出的进度计划控制节点要求，结合 Project 编制施工进度计划并进行 4D 施工进度模拟，同时动态对比现场实际施工进度，并实时展示工、料、机的情况，形成进度报告提交甲方。

② 按施工组织设计完成施工现场总平面的布置模型。根据不同施工阶段的实际需求，体现场地全部临时设施的全部内容，例如临水、临电、临设、道路、泥浆池、施工设备、材料堆放及加工场地等施工需要的内容。

③ 虚拟建造。应按设计文件和施工组织设计内容，分别完成不同种类桩基的施工工艺模拟；根据施工进度计划，完成全部桩基工程的模拟建造。

④ 提供竣工模型。在施工过程中，根据施工实际情况持续更新 BIM 模型，完成桩基竣工模型。

BIM 应用工作应完成的主要内容（表 2.3-6）：

BIM 应用工作应完成的主要内容   表 2.3-6

序号	成果	格式	具体要求	提交时间
1	BIM 实施方案	PDF docx	包括但不限于：BIM 工作的组织架构、实施内容、实施流程、实施进度以及保证措施	随投标书提交
2	4D 施工组织设计	RVT NWD AVI	提交 nwd 文件以及制作 nwd 文件的源文件	开工前 10 个工作日内提交 nwd 文件
			后期动画文件需真实反映施工过程，动画图像分辨率 1920×1080，图像清晰流畅	桩基工程完成后提交动画文件
3	4D 进度对比	NWD	在 nwd 文件中清晰、动态地反映计划完成工作、实际完成工作、已完成工作（精确到天）	每月 25 日
4	虚拟建造	NWD	提交 nwd 文件以及制作 nwd 文件的源文件	开工前 10 个工作日内提交 nwd 文件
		AVI	后期动画文件，图像分辨率 1920×1080，图像清晰流畅	动画文件
5	竣工模型	RVT	按照招标人提出的实施标准完成竣工模型	竣工资料提交同时

注：BIM 建模软件采用 Autodesk Revit2014，模型整合应用软件采用 Autodesk Navisworks2014。

3）其他约定

① 投标报价组成要求。

在投标人商务标投标文件中，应专项列出 BIM 服务的措施性报价以及报价的明细组成。

② 知识产权归属。

本项目 BIM 相关成果的知识产权归属招标人所有。

中标人在本项目 BIM 实施过程中应对全部成果内容保密。

③ 违约责任。

BIM 各项成果均需按要求时间以及质量标准提交，否则将暂缓支付当期工程款项，直至中标人提交符合要求的相应 BIM 成果，并承担由此造成的损失，不得提出工期补偿。当中标人违反保密条款时，招标人有权对其造成的损失进行追偿。

3 BIM 模型的质量管理与控制

3.1 BIM 模型的质量管理体系

3.1.1 BIM 模型质量管理体系的基本内容、方法与流程

(1) 质量管理体系

1) 质量的定义

Philip Crosby 将质量定义为"与需求保持一致",Juran 认为质量就是"合乎客户效用",而 Deming 则将质量定义为"防止缺陷"。国际标准化组织公布的国际标准 ISO 8402-1994 将质量定义为"反映实体满足明确和隐含需要的能力的特性总和"。该定义认为,在合同情况下,或是在法规规定情况下,如在安全性领域中,"需要"是明确规定的;而在其他情况下,"隐含的需要"则应加以识别并确定。在许多情况下,需要会随着时间而变化,这就意味着要对质量要求进行定期评审。ISO 9000:2000《质量管理体系基础和术语》和 GB/T 19000—2000 标准关于质量的定义是:"所谓质量,是指一组固有特性满足需求的程度"。从现代质量管理的发展特征趋势来看,人们越来越倾向于突破传统的局限从以产品检查为主的质量概念,更多的将客户需求置于质量概念的中心,从仅仅关注产出物逐渐转移到关注材料、业务过程、可交付成果、标准以及客户、社会、环境等更加广泛的领域;从片面追求"高"质量到追求适宜的质量。质量更像是一个满足客户需求的无声的努力过程:一次性地将每件正确的事情及时做好、确保工作良好完成、用文件记录每项工作、持续进行技术改进,通过创造"共赢"价值获得利益。

2) 卡诺模型

受行为科学家赫兹伯格的双因素理论的启发,东京理工大学教授狩野纪昭(Noriaki Kano)和他的同事 Fumio Takahashi 于 1979 年 10 月发表了《质量的保健因素和激励因素》(Motivator and Hygiene Factor in Quality)一文,第一次将满意与不满意标准引入质量管理领域,卡诺模型成为用于分析和规划质量与客户满意度的工具。KANO 模型定义了三个层次的顾客需求:基本型需求、期望型需求和兴奋型需求。这三种需求根据绩效指标分类就是基本因素、绩效因素和激励因素,卡诺模型如图 3.1-1 所示。

① 基本型需求是顾客认为产品"必须有"的属性或功能。当其特性不充足(不满足顾客需求)时,顾客很不满意;当其特性充足(满足顾客需求)时,无所谓满意不满意,顾客充其量是满意。

② 期望型需求要求提供的产品或服务比较优秀,但并不是"必须"的产品属性或服务行为,有些期望型需求连顾客都不太清楚,但是是他们希望得到的。在市场调查中,顾

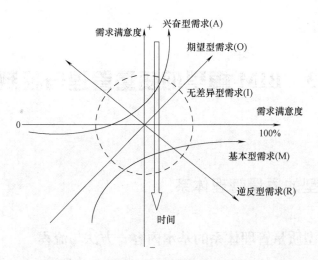

图 3.1-1　卡诺模型

客谈论的通常是期望型需求，期望型需求在产品中实现的越多，顾客就越满意；当没有满足这些需求时，顾客就不满意。

③ 兴奋型需求要求提供给顾客一些完全出乎意料的产品属性或服务行为，使顾客产生惊喜。当其特性不充足时，并且是无关紧要的特性，则顾客无所谓；当产品提供了这类需求中的服务时，顾客就会对产品非常满意，从而提高顾客的忠诚度。

严格地说，该模型不是一个测量顾客满意度的模型，而是对顾客需求或者说对绩效指标的分类，通常在满意度评价工作前期作为辅助研究模型，KANO 模型的目的是通过对顾客的不同需求进行区分处理，帮助企业找出提高企业顾客满意度的切入点（图 3.1-2）。KANO 模型是一个典型的定性分析模型，一般不直接用来测量顾客的满意度，它常用于对绩效指标进行分类，帮助企业了解不同层次的顾客需求，找出顾客和企业的接触点，识别使顾客满意的至关重要的因素。

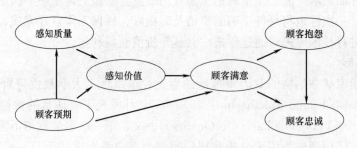

图 3.1-2　顾客满意与质量关系

3）质量管理的发展历程

大致经历了 3 个阶段。

① 质量检验阶段。20 世纪前，产品质量主要依靠操作者本人的技艺水平和经验来保证，属于"操作者的质量管理"。20 世纪初，以 F. W. 泰勒为代表的科学管理理论的产生，促使产品的质量检验从加工制造中分离出来，质量管理的职能由操作者转移给工长，是"工长的质量管理"。随着企业生产规模的扩大和产品复杂程度的提高，产品有了技术

标准（技术条件），公差制度（见公差制）也日趋完善，各种检验工具和检验技术也随之发展，大多数企业开始设置检验部门，有的直属于厂长领导，这时是"检验员的质量管理"。上述几种做法都属于事后检验的质量管理方式。

② 统计质量控制阶段。1924 年，美国数理统计学家 W. A. 休哈特提出控制和预防缺陷的概念。他运用数理统计的原理提出在生产过程中控制产品质量的"6σ"法，绘制出第一张控制图并建立了一套统计卡片。与此同时，美国贝尔研究所提出关于抽样检验的概念及其实施方案，成为运用数理统计理论解决质量问题的先驱，但当时并未被普遍接受。以数理统计理论为基础的统计质量控制的推广应用始自第二次世界大战。由于事后检验无法控制武器弹药的质量，美国国防部决定把数理统计法用于质量管理，并由标准协会制定有关数理统计方法应用于质量管理方面的规划，成立了专门委员会，并于 1941～1942 年先后公布一批美国战时的质量管理标准。

③ 全面质量管理阶段。20 世纪 50 年代以来，随着生产力的迅速发展和科学技术的日新月异，人们对产品的质量从注重产品的一般性能发展为注重产品的耐用性、可靠性、安全性、维修性和经济性等。在生产技术和企业管理中要求运用系统的观点来研究质量问题。在管理理论上也有新的发展，突出重视人的因素，强调依靠企业全体人员的努力来保证质量。此外，还有"保护消费者利益"运动的兴起，企业之间市场竞争越来越激烈。在这种情况下，美国 A. V. 费根鲍姆于 20 世纪 60 年代初提出全面质量管理的概念。他提出，全面质量管理是"为了能够在最经济的水平上、并考虑到充分满足顾客要求的条件下进行生产和提供服务，并把企业各部门在研制质量、维持质量和提高质量方面的活动构成为一体的一种有效体系"。

QMC 主要观点是：

A. 管理的对象是全面的，包括产品质量、工序质量和工作质量。

B. 管理的范围是全面的，包括设计过程、建造过程、辅助生产过程、使用过程。

C. 参加质量管理的人员是全面的，它要求企业各部门、各环节的全体员工都参加质量管理。

D. 管理质量的方法是全面的，以数据为科学依据，以统计质量控制的方法为基础，全面综合运用各种质量管理方法，还必须实行组织管理、专业技术和数理统计三结合的原则。

4）《ISO 9001：2008 标准质量管理体系》

质量管理体系是组织内部建立的、为实现质量目标所必需的、系统的质量管理模式，是组织的一项战略决策。它将资源与过程结合，以过程管理方法进行的系统管理，根据企业特点选用若干体系要素加以组合，一般包括与管理活动、资源提供、产品实现以及测量、分析与改进活动相关的过程组成，可以理解为涵盖了从确定顾客需求、设计研制、生产、检验、销售到交付之前全过程的策划、实施、监控、纠正与改进活动的要求，一般以文件化的方式存在，成为组织内部质量管理工作的要求。

八项质量管理原则是最高领导者用于领导组织进行行业绩改进的指导原则，是构成 ISO 9000 族系列标准的基础，质量管理原则具体包括：

① 以顾客为关注焦点。

② 领导作用。

③ 全员参与。

④ 过程方法。

⑤ 管理的系统方法。

⑥ 持续改进。

⑦ 基于事实的决策方法。

⑧ 与供方互利的关系。

(2) 基于 BIM 的质量管理分析

工程质量问题一直是工程建设过程中非常关注的问题，同时工程质量也影响着使用者的安全。虽然科技日新月异，建筑材料也在不断更新换代，但是工程质量问题还是不断发生。BIM 技术作为新的技术，同时也作为新的管理手段，在工程质量管理中的应用可达到提高工程质量，提升管理效率的目的。基于 BIM 进行质量管理，就是依靠信息流转的增强，提升了质量管理的效率。依托 BIM 传递工程质量信息则能成为各个环节之间优秀的纽带，不仅保证了质量信息的完整性，而且能让信息传递得更为准确、及时。

BIM 在项目建设中的应用过程就是促进建筑项目精细化建造的过程，在此过程中提升各个阶段的项目质量，因此基于 BIM 的工程质量管理，对于大型复杂建筑群体项目的质量管理大有裨益。BIM 从设计阶段的图纸纠错到管线碰撞，再到辅助施工安装过程，以及辅助运维管理过程都是对整个项目的质量管理过程。

1) 传统技术进行质量管理存在的弊端

① 质量管理方法在实施过程中人为影响较大。

建筑业所积累的丰富管理经验，逐渐形成了一系列的管理方法，然而工程实践表明，大部分管理方法在工程实际操作中因人而异，因此这些方法的理论作用只能得到部分发挥，甚至得不到发挥，造成工程项目的质量目标较难实现。

② 施工方过多关注效益，忽视质量。

建筑工程施工所用原料及设备较多，但目前建筑原料、设备市场不规范，产品质量参差不齐，各个供应企业为了追求最大经济利益，往往不管建筑工程施工质量而提供以次充好或根本不符合质量标准的产品，而且施工行业的人员素质和社会责任心需加强。

③ 对建设施工环境忽视。

在建设过程中，有些项目管理者只将注意力集中在工程项目的实体本身上，往往忽视环境因素对工程项目质量的影响。同时由于建设环境因素较为复杂，不确定性较大，管理者很难进行提前准备和预估，往往因环境因素造成对项目质量管理的恶劣影响。

2) BIM 技术在工程设计及施工阶段质量管理中的意义

① 设计阶段的质量管理。

在设计阶段应用 BIM 进行数据统一管理；设计进度、人员分工及权限；三维设计流程控制；项目建模，碰撞检测，分析碰撞检测报告；专业探讨反馈，优化设计，室内净高控制、辅助管综设计、关键点管线碰撞分析。

例如，在工程建设行业，设计图纸的错、漏、碰、缺问题一直是困扰建设管理方的一个问题。但随着 BIM 技术的深入应用，这个问题可以得到有效的解决。BIM 应用的流程中内在地包含着解决设计图纸的错误、漏标漏注、缺图少图问题的机制。这个机制可以称之为 BIM 的审图机制，这样便大大提升了设计阶段图纸的质量。

② 施工阶段质量管理。

BIM 对施工阶段的质量管理有很大好处。通过 BIM 的平台动态模拟施工技术流程，由各方专业工程师合作建立标准化工艺流程，保证专项施工技术在实施过程中细节上的可靠性。再由施工人员按照仿真施工流程施工，确保施工技术信息的传递不会出现偏差，避免实际做法和计划做法不一样的情况出现，减少不可预见情况的发生。例如在设备安装时，可进行安装空间分析，确认生产设备的型号及厂商信息之后，依据设备相关数据模拟设备在工作空间中的安装轨迹，排查安装过程中的各种相互干扰问题。这样可减少施工过程的风险，提升施工质量。

除了指导施工过程，还可进行施工品质监控，自确认所有施工作业优化方案后，依据模型对现场进行施工核对，还可以对于关键区域采用三维扫描技术对现场施工质量进行比对。此外，BIM 在施工阶段的应用点较多，而就现阶段来看，在施工过程中的实际应用主要限于 BIM 深化模型，工程量统计，辅助设计变更，施工工序模拟等。这些都能在一定程度上提升工程施工建设过程中的质量，因此要充分把控施工各个环节的质量管理。

（3）BIM 模型质量管理体系的基本内容

1）BIM 模型质量管理体系的建立

质量管理体系是以保证和提高工程项目 BIM 模型质量为目标，运用系统的概念和方法，把企业各部门、各环节以及企业间协同的质量管理职能和活动合理地组织起来，形成一个有明确任务、职责、权限而相互协调、互相促进的有机整体。主要工作在于：建立和健全专职 BIM 模型管理体系，明确项目各参与方及企业内各级各部门的职责分工。

在 BIM 模型创建之前，首先要确定适应性的建设项目 BIM 实施模式。通常根据项目的 BIM 实施目标和深度、项目特点、各参与方的管理水平等因素，确定项目 BIM 总协调方。BIM 总协调方在项目全过程中统筹 BIM 的管理，制定统一的 BIM 技术标准，编制各阶段 BIM 实施计划，组织协调各参与单位的 BIM 实施规则，审核汇总各参与方提交的 BIM 成果，对项目的 BIM 工作进行整体规划、监督、指导。

BIM 总协调方可通过公开招标或邀请招标的形式来选择，或者业主具有自身的实力，可以自己成立专门 BIM 部门或团队来行使 BIM 总协调方的职责。同样，在企业内部的 BIM 应用中，只有跟企业管理相结合才能真正应用起来并发挥巨大价值，BIM 的应用不是简单软件的操作，它涉及企业各部门、各岗位，涉及公司管理的流程，涉及人才梯队的培养、建设和考核，需要配套制度的保障和软硬件环境的支持。因此，企业实施 BIM，应是聘请专业的 BIM 咨询单位，建立企业 BIM 团队，开展 BIM 试点，结合企业自身情况，建立适合的企业 BIM 管理体系。

BIM 体系通常需要包括以下内容但不限于此：

① BIM 体系应用总体框架（定位、价值、目标等）。

② BIM 相关岗位操作手册。

③ BIM 应用于岗位的培训和考核。

④ BIM 应用嵌入公司各管理流程（材料采购流程、成本控制流程等）。

⑤ 各专业 BIM 建模和审核标准。

⑥ BIM 模型维护标准。

2）建立灵敏的 BIM 模型质量信息反馈系统

一个工程项目的 BIM 模型通常有多个阶段划分，比如规划、设计、施工、运维等；涉及多个地理位置分散的专业团队，比如业主、建筑师、咨询顾问、承包商、监理、分包商和供应商等；在每个阶段部署了多个异构的 BIM 模型信息系统，生成涉及成千上万的建筑物构件的海量项目数据。随着 BIM 模型中的各类重要数据增多，必须要用信息化的手段对数据进行合理管理，促进其在决策过程中发挥作用。为此，要抓住信息流转环节，注意和掌握数据的检测、收集、处理、传递和存储。

要建立 BIM 模型质量信息反馈系统的必要条件是构建 BIM 协同工作平台，为项目各参与单位提供一个 BIM 模型信息共享的平台。项目各参与单位均是基于 BIM 技术开展工作，且 BIM 模型数据均保存在平台上，有效地减少了专业间由于信息不对称带来的问题。同时由于各参与单位可通过该平台获取项目前期的资料和信息，使各参与单位在参与项目时了解项目的前期情况，减少了各阶段间的 BIM 模型信息遗漏。通过 BIM 协同工作平台，可以使项目信息透明化，各参与单位间的工作协同化，可以帮助业主清晰明了地了解工程的实际进度、投资情况，从而使业主能够对项目可能发生的突发情况进行预先估计，并制定应急措施，从而减少其发生，保证项目正常进展。

3）实现 BIM 模型管理业务标准化、管理流程程序化

BIM 模型的质量管理许多活动都是重复发生的，具有一定的规律性，应当按照要求分类归纳，并将处理办法完成规章制度，使管理业务标准化。把 BIM 模型管理业务处理过程所经过的各个环节、各管理岗位、先后工作步骤等，经过分析研究，加以改进，制定管理程序，使之程序化。

（4）BIM 模型质量管理体系的运行模式

BIM 模型质量管理体系运转的基本形式是 PDCA 管理循环，通过四个阶段把构建BIM 模型过程的质量管理活动有机地联系起来。

第一阶段：计划阶段（P）。这个阶段可分为四个工作步骤，即：1）分析现状，找出存在的 BIM 模型质量问题；2）分析产生 BIM 模型质量问题的原因和各种影响因素，找出影响 BIM 模型质量的主要原因；3）制定改善 BIM 模型质量的措施；4）提出行动计划和预计效果。

在这一阶段，要明确回答：为什么要提出这样的计划，为什么要这样改进，改进后要达到什么目的，有什么效果，改进措施在何处，哪个环节、哪道工序执行，计划和措施在什么时间执行完成，由谁来执行，用什么方法来完成等问题。

第二阶段：实施阶段（D）。主要是根据 BIM 模型的措施和计划，组织各方面的力量分别去贯彻执行。

第三阶段：检查阶段（C）。主要是检查 BIM 模型实施效果和发现问题。

第四阶段：处理阶段（A）。主要是对 BIM 模型的检查结果进行总结和处理。通过经验总结，纳入标准、制度或规定，巩固成绩，防止问题再发生。同样，将本次循环遗留的问题提出来，以便转入下一循环去解决。

总之，BIM 模型质量管理活动的全部过程就是反复按照 PDCA 循环不停地、周而复始地运转，每完成一次循环，解决一定质量问题，质量水平就提高一步，管理循环不停地运转，质量水平也就随之不断提高。

(5) BIM 模型质量审核方法

BIM 总协调方作为建设项目 BIM 实施工作质量的监督管理单位，应协助业主对参与各方交付的 BIM 模型及成果进行质量检查。BIM 总协调方根据质量检查结果出具修改通知单，各参与单位根据修改通知单内容对 BIM 模型及成果进行修改。质量检查的结果及整改通知单文件记录由 BIM 总协调单位归档后提交业主。

为了确保质量，在每一个项目阶段和信息交流之前，BIM 总协调方必须预先计划每个 BIM 项目模型的内容、详细程度，并且负责更新模型。每个 BIM 模型都应安排一个固定负责人来协调工作，且应该参加所有 BIM 团队的活动，负责解决可能出现的问题。BIM 总协调方在规划过程中应建立数据质量的标准，在每个主要的 BIM 阶段，质量控制必须完成，如设计审查、协调会议等。每个项目组应在质量检查前提交其负责的 BIM 模型，BIM 总协调方应对提交的 BIM 报告的进行质量检查确认，确认模型修订后的质量。

(6) BIM 模型质量审核内容及流程

1) 项目实施各阶段前期 BIM 模型准备工作交付成果审核及流程

① 审核节点：项目实施各阶段前期准备工作完成节点。

② 审查依据：国家 BIM 标准、业主方项目 BIM 实施标准。

③ 审核形式：项目前期准备协调会。

④ 审核人员：业主方 BIM 负责人、BIM 总协调方负责人、项目参与方 BIM 负责人。

⑤ 审核内容：项目建模标准、建模计划、样板文件、基准模型审核。

⑥ 审核结论：是否可以启动项目工作。

2) 项目实施各阶段过程 BIM 模型交付成果审核

① 审核节点：项目实施各阶段实施过程。

② 审查依据：业主方项目 BIM 实施标准、项目 BIM 实施大纲及方案。

③ 审核形式：项目 BIM 协调周例会。

④ 审核人员：BIM 总协调方负责人、项目各参与方 BIM 负责人。

⑤ 审核内容：各参与方是否按节点提交过程成果，过程成果的质量审核（提交成果格式及内容是否满足交付要求，模型搭建及更新是否符合项目实施标准）。

⑥ 审核结论：BIM 审核结果反馈、落实下一阶段 BIM 实施计划及要求。

3) 项目实施各阶段 BIM 模型最终交付成果审核

① 审核节点：各阶段 BIM 实施成果交付后。

② 审查依据：国家建设工程相关规范规程、国家 BIM 标准、业主方项目 BIM 实施标准、项目 BIM 实施大纲及方案。

③ 审核形式：项目 BIM 阶段成果交付审查会。

④ 审核人员：业主方 BIM 负责人、BIM 总协调方负责人、项目各参与方 BIM 负责人。

⑤ 审核内容：提交 BIM 模型及成果质量是否满足相关要求；模型精度是否满足 LOD 标准并与实际（设计图纸、施工现场）相符；模型信息是否完整；提交成果是否满足相关要求。

⑥ 审核结论：BIM 阶段成果深度满足移交下一阶段参与方使用。

3.1.2 BIM模型参与各方的质量管理

(1) 业主方

全面推行工程项目全生命期、各参与方的 BIM 应用，要求各参建方提供的数据信息具有便于集成、管理、更新、维护以及可快速检索、调用、传输、分析和可视化等特点。实现工程项目投资策划、勘察设计、施工、运营维护各阶段基于 BIM 标准的信息传递和信息共享。满足工程建设不同阶段对质量管控和工程进度、投资控制的需求。

1) 建立科学的决策机制。在工程项目可行性研究和方案设计阶段，通过建立基于 BIM 的可视化信息模型，提高各参与方的决策参与度。

2) 建立 BIM 应用框架。明确工程实施阶段各方的任务、交付标准和费用分配比例。

建立 BIM 数据管理平台。建立面向多参与方、多阶段的 BIM 数据管理平台，为各阶段的 BIM 应用及各参与方的数据交换提供一体化信息平台支持。

3) 建筑方案优化。在工程项目勘察、设计阶段，要求各方利用 BIM 开展相关专业的性能分析和对比，对建筑方案进行优化。

4) 施工监控和管理。在工程项目施工阶段，促进相关方利用 BIM 进行虚拟建造，通过施工过程模拟对施工组织方案进行优化，确定科学合理的施工工期，对物料、设备资源进行动态管控，切实提升工程质量和综合效益。

5) 投资控制。在招标、工程变更、竣工结算等各个阶段，利用 BIM 进行工程量及造价的精确计算，并作为投资控制的依据。

6) 运营维护和管理。在运营维护阶段，充分利用 BIM 和虚拟仿真技术，分析不同运营维护方案的投入产出效果，模拟维护工作对运营带来的影响，提出先进合理的运营维护方案。

(2) 勘察单位

研究建立基于 BIM 的工程勘察流程与工作模式，根据工程项目的实际需求和应用条件确定不同阶段的工作内容，开展 BIM 示范应用。

1) 工程勘察模型建立。研究构建支持多种数据表达方式与信息传输的工程勘察数据库，研发和采用 BIM 应用软件与建模技术，建立可视化的工程勘察模型，实现建筑与其地下工程地质信息的三维融合。

2) 模拟与分析。实现工程勘察基于 BIM 的数值模拟和空间分析，辅助用户进行科学决策和规避风险。

3) 信息共享。开发岩土工程各种相关结构构件族库，建立统一数据格式标准和数据交换标准，实现信息的有效传递。

(3) 设计单位

研究建立基于 BIM 的协同设计工作模式，根据工程项目的实际需求和应用条件确定不同阶段的工作内容。开展 BIM 示范应用，积累和构建各专业族库，制定相关企业标准。

1) 投资策划与规划。在项目前期策划和规划设计阶段，基于 BIM 和地理信息系统（GIS）技术，对项目规划方案和投资策略进行模拟分析。

2) 设计模型建立。采用 BIM 应用软件和建模技术，构建包括建筑、结构、给水排水、暖通空调、电气设备、消防等多专业信息的 BIM 模型。根据不同设计阶段任务要求，形成满足各参与方使用要求的数据信息。

3）分析与优化。进行包括节能、日照、风环境、光环境、声环境、热环境、交通、抗震等在内的建筑性能分析。根据分析结果，结合全生命期成本，进行优化设计。

4）设计成果审核。利用基于BIM的协同工作平台等手段，开展多专业间的数据共享和协同工作，实现各专业之间数据信息的无损传递和共享，进行各专业之间的碰撞检测和管线综合碰撞检测，最大限度减少错、漏、碰、缺等设计质量通病，提高设计质量和效率。

（4）施工企业

改进传统项目管理方法，建立基于BIM应用的施工管理模式和协同工作机制。明确施工阶段各参与方的协同工作流程和成果提交内容，明确人员职责，制定管理制度。开展BIM应用示范，根据示范经验，逐步实现施工阶段的BIM集成应用。

1）施工模型建立。施工企业应利用基于BIM的数据库信息，导入和处理已有的BIM设计模型，形成BIM施工模型。

2）细化设计。利用BIM设计模型根据施工安装需要进一步细化、完善，指导建筑部品构件的生产以及现场施工安装。

3）专业协调。进行建筑、结构、设备等各专业以及管线在施工阶段综合的碰撞检测、分析和模拟，消除冲突，减少返工。

4）成本管理与控制。应用BIM施工模型，精确高效计算工程量，进而辅助工程预算的编制。在施工过程中，对工程动态成本进行实时、精确的分析和计算，提高对项目成本和工程造价的管理能力。

5）施工过程管理。应用BIM施工模型，对施工进度、人力、材料、设备、质量、安全、场地布置等信息进行动态管理，实现施工过程的可视化模拟和施工方案的不断优化。

6）质量安全监控。综合应用数字监控、移动通讯和物联网技术，建立BIM与现场监测数据的融合机制，实现施工现场集成通讯与动态监管、施工时变结构及支撑体系安全分析、大型施工机械操作精度检测、复杂结构施工定位与精度分析等，进一步提高施工精度、效率和安全保障水平。

7）地下工程风险管控。利用基于BIM的岩土工程施工模型，模拟地下工程施工过程以及对周边环境的影响，对地下工程施工过程可能存在的危险源进行分析评估，制定风险防控措施。

8）交付竣工模型。BIM竣工模型应包括建筑、结构和机电设备等各专业内容，在三维几何信息的基础上，还包含材料、荷载、技术参数和指标等设计信息，质量、安全、耗材、成本等施工信息，以及构件与设备信息等。

（5）工程总承包企业

根据工程总承包项目的过程需求和应用条件确定BIM应用内容，分阶段（工程启动、工程策划、工程实施、工程控制、工程收尾）开展BIM应用。在综合设计、咨询服务、集成管理等建筑业价值链中技术含量高、知识密集型的环节大力推进BIM应用。优化项目实施方案，合理协调各阶段工作，缩短工期、提高质量、节省投资。实现与设计、施工、设备供应、专业分包、劳务分包等单位的无缝对接，优化供应链，提升自身价值。

1）设计控制。按照方案设计、初步设计、施工图设计等阶段的总包管理需求，逐步建立适宜的多方共享的 BIM 模型。使设计优化、设计深化、设计变更等业务基于统一的 BIM 模型，并实施动态控制。

2）成本控制。基于 BIM 施工模型，快速形成项目成本计划，高效、准确地进行成本预测、控制、核算、分析等，有效提高成本管控能力。

3）进度控制。基于 BIM 施工模型，对多参与方、多专业的进度计划进行集成化管理，全面、动态地掌握工程进度、资源需求以及供应商生产及配送状况，解决施工和资源配置的冲突和矛盾，确保工期目标实现。

4）质量安全管理。基于 BIM 施工模型，对复杂施工工艺进行数字化模拟，实现三维可视化技术交底；对复杂结构实现三维放样、定位和监测；实现工程危险源的自动识别分析和防护方案的模拟；实现远程质量验收。

5）协调管理。基于 BIM，集成各分包单位的专业模型，管理各分包单位的深化设计和专业协调工作，提升工程信息交付质量和建造效率；优化施工现场环境和资源配置，减少施工现场各参与方、各专业之间的互相干扰。

6）交付工程总承包 BIM 竣工模型。工程总承包 BIM 竣工模型应包括工程启动、工程策划、工程实施、工程控制、工程收尾等工程总承包全过程中，用于竣工交付、资料归档、运营维护的相关信息。在此过程中，鉴于建设项目的总承包承发包模式的普遍性和重要性，还应做好以下几点工作：

① 总承包项目经理部设立 BIM 负责人和 BIM 团队，确定 BIM 团队人员组织架构和工作职责，完成 BIM 模型建立的信息收集整理、维护及协调工作，总承包组织协调全体相关参建单位参与使用 BIM 进行综合技术和工艺协调。

② 总承包深化设计，随工程进展绘制土建-机电-装修综合图，并交 BIM 顾问配合形成深化设计 BIM 模型。

③ 总承包应使用 BIM 模型对总体施工计划、总体施工方案进行方案模拟演示。

④ 总承包与业主 BIM 管理团队密切配合，完成和实现 BIM 模型的各项功能，并积极利用 BIM 技术手段指导施工管理。

⑤ 总承包和业主在专业工程和独立分包工程合同中明确分包单位建立和维护 BIM 模型的责任，总承包负责协调、审核和集成各专业分包单位、供应单位、独立施工单位等提供的 BIM 模型及相关信息。

(6) 施工专业分包单位

1）配置 BIM 团队，并根据《项目 BIM 应用方案》和《项目施工 BIM 实施方案》的要求，提供 BIM 成果，并保证其正确性和完整性。

2）接收施工总承包的施工 BIM 模型，并基于该模型，完善分包施工 BIM 模型，且在施工过程中及时更新，保持适用性。

3）编写《分包项目施工 BIM 实施方案》，并完成《分包项目施工 BIM 实施方案》制定的各应用点。

4）分包单位项目 BIM 负责人负责内外部的总体沟通与协调，组织分包施工 BIM 的实施工作。

5）接受 BIM 总协调方和施工总承包方的监督，并对其提出的审查意见及时整改落实。

6）利用 BIM 技术辅助现场管理施工，安排施工顺序节点，保障施工流水合理，按进度计划完成各项工程目标。

（7）运营维护单位

改进传统的运营维护管理方法，建立基于 BIM 应用的运营维护管理模式。建立基于 BIM 的运营维护管理协同工作机制、流程和制度。建立交付标准和制度，保证 BIM 竣工模型完整、准确地提交到运营维护阶段。

1）运营维护模型建立。可利用基于 BIM 的数据集成方法，导入和处理已有的 BIM 竣工交付模型，再通过运营维护信息录入和数据集成，建立项目 BIM 运营维护模型。也可以利用其他竣工资料直接建立 BIM 运营维护模型。

2）运营维护管理。应用 BIM 运营维护模型，集成 BIM、物联网和 GIS 技术，构建综合 BIM 运营维护管理平台，支持大型公共建筑和住宅小区的基础设施和市政管网的信息化管理，实现建筑物业、设备、设施及其巡检维修的精细化和可视化管理，并为工程健康监测提供信息支持。

3）设备设施运行监控。综合应用智能建筑技术，将建筑设备及管线的 BIM 运营维护模型与楼宇设备自动控制系统相结合，通过运营维护管理平台，实现设备运行和排放的实时监测、分析和控制，支持设备设施运行的动态信息查询和异常情况快速定位。

4）应急管理。综合应用 BIM 运营维护模型和各类灾害分析、虚拟现实等技术，实现各种可预见灾害模拟和应急处置。

3.1.3 BIM 模型质量管理的方法

（1）BIM 模型在设计与施工阶段的质量管理内容

1）在设计阶段的 BIM 模型的质量管理内容

① 根据建设项目设计阶段的 BIM 合同要求，设计单位应根据 BIM 设计工作计划，提交设计任务书中规定的 BIM 模型。其中方案设计阶段的方案 BIM 模型，包括外形体推敲和功能空间分析统计等；初步设计阶段的初设 BIM 模型，包括功能空间分析系统设计、地面交通模拟、消防人流疏散模拟、建筑内部人行模拟、通风空调性能模拟、承载能力分析设计检核、模拟漫游、主控材料及建筑设备信息统计和概算分析等；施工图设计阶段中的施工图模型、全专业的管线综合，建立完善全专业系统模型信息。

② 设计阶段 BIM 成果经 BIM 负责人确认后提交，BIM 总协调方进行 BIM 模型评审，确保设计阶段 BIM 模型成果符合阶段模型精细度要求及大纲制定的 BIM 建模标准要求。

③ BIM 总协调方对设计阶段 BIM 应用成果进行评审后，整理归档至项目协同平台，该设计阶段 BIM 成果性文件将作为施工阶段 BIM 实施依据性文件。

2）在施工阶段的 BIM 模型的质量管理内容

① 项目施工实施前，BIM 总协调方根据项目特点、项目组织方式、项目 BIM 实施大纲等要求，制定《项目施工阶段 BIM 实施方案》。方案应包括：

A. 项目施工阶段 BIM 实施目标。

B. 各参与方的 BIM 实施职责及团队配置要求。

C. 施工阶段 BIM 实施计划。

D. 施工阶段各参与方项目协同权限分配及协同机制。

E. 软件版本及数据格式的统一。

F. 项目 BIM 实施应用管理办法。

G. 信息录入标准。

H. 项目成果交付要求。

I. 审核/确认：BIM 成功和数据的审核/确认流程。

② 施工单位进场后，施工单位组建 BIM 实施团队。BIM 总协调方对项目 BIM 实施技术交底。

③ BIM 总协调方根据项目施工组织方式，分配施工单位协同平台权限，施工各参与方通过项目协同平台共同维护及更新施工阶段 BIM 数据。

④ BIM 总协调方管理、协调、整合施工单位的 BIM 工作，并对施工单位提供技术支持。施工单位对其模型进行深化、更新和维护。

⑤ 施工单位收到设计 BIM 成果后，进行 BIM 成果会审，统计工程量，编写施工组织方案，应用设计成果进行施工组织设计及施工方案的模拟与优化。

⑥ 施工单位按工作范围及施工阶段 BIM 实施计划提交施工各阶段 BIM 成果，对施工阶段的 BIM 成果进行校核和调整，确保 BIM 成果与各参与方提供的施工深化成果一致。将施工阶段确定的信息在施工过程模型中进行添加或更新，并对施工变更的内容进行 BIM 模型和信息的更新，最终形成竣工 BIM 成果。

(2) 项目参与各方 BIM 模型质量管理方法

1) 施工单位通过对现场与 BIM 模型进行分析对比，确保 BIM 模型与现场的一致性，并向 BIM 总协调方提交《BIM 辅助验收报告》。总承包单位应保证 BIM 模型信息的完整性及正确性。

2) 施工单位与造价咨询单位利用一致的 BIM 模型测算工程量，辅助完成项目工程结算工作，提供《BIM 辅助工程量测算报告》。

3) 施工总承包单位应汇集各参与方施工阶段 BIM 成果，提交 BIM 总协调方，形成竣工 BIM 成果。竣工 BIM 模型的深度应符合"各阶段 BIM 模型精细度要求"中的精度要求。竣工 BIM 成果应包括但不限于以下内容：

① 竣工 BIM 模型（包含正确的施工阶段几何信息及非几何信息）。

② 竣工 BIM 成果资料（过程实施资料及多媒体资料、工程量清单、模拟方案、汇报报告）。

③ 施工阶段 BIM 应用构件资源库。

④《BIM 辅助验收报告》。

⑤《BIM 辅助工程量测算报告》。

4) BIM 总协调方组织施工各参与单位进行竣工 BIM 验收，编制《竣工验收 BIM 报告》。其中验收要点如下：

① BIM 总协调方验收内容如下：

A. 竣工 BIM 模型深度是否满足 LOD 标准要求。

B. 竣工 BIM 模型的几何信息与非几何信息的格式是否满足《施工阶段 BIM 实施方案》中关于交付成果的要求。

C. BIM 竣工成果资料是否齐全及符合要求。

D. 施工阶段 BIM 应用构件资源库是否齐全及满足要求。

② 监理单位验收内容如下：

A. 竣工 BIM 模型的几何信息是否与现场实际施工一致且完整。

B. 竣工 BIM 模型的非几何信息是否与现场实际施工一致且完整。

C.《BIM 辅助验收报告》是否满足竣工验收要求。

D.《BIM 辅助工程量测算报告》是否满足工程结算要求。

5）竣工 BIM 模型验收通过后，BIM 总协调方整理工程竣工最终 BIM 成果资料，提交业主方备案，并编写《项目 BIM 实施最终成果报告》对业主方进行汇报。《项目 BIM 实施最终成果报告》应包括但不限于以下内容：工程 BIM 实施概述；应用成果点；实施总结；优化建议等。

（3）BIM 模型在施工现场项目管理中质量管理方法

在 BIM 施工现场项目管理中，BIM 技术可以在技术交底、现场实体检查、现场资料填写、样板引路等方面进行应用，帮助提高质量管理方面的效率和有效性。在实施过程中要点如下：

1）模型与动画辅助技术交底

针对比较复杂的建筑构件或难以用二维表达的施工部位应利用 BIM 技术导出相关图片及视频，加入到技术交底资料中，便于分包方及施工班组的理解；利用技术交底协调会，将重要工序、质量检查重要部位在电脑上进行模型交底和动画模拟，直观地讨论和确定质量保证的相关措施，实现交底内容的无缝传递。

2）现场模型对比与资料填写

通过移动终端 APP 软件，将 BIM 模型导入到移动终端设备，让现场管理人员利用 BIM 模型进行现场工作的布置和实体的对比，直观快速地发现现场质量问题。并将发现的问题拍摄后及时记录，汇总后生成整改通知单下发，保证问题处理的及时性，从而加强对施工过程的质量控制。

3）动态样板引路

将 BIM 融入样板引路中，将施工重要样板做法、质量管控要点、施工模拟动画、现场平面布置等进行展示，为现场质量管控提供服务。

（4）确定质量控制方法

1）BIM 模型及成果管控要点

① 提交内容是否与要求一致。

② 提交成果格式是否与要求一致。

③ BIM 模型是否满足相应阶段 LOD 精度需求。

④ 各阶段 BIM 模型是否与提交图纸相符，现阶段 BIM 模型是否满足下一阶段应用条件及信息。

⑤ 各阶段 BIM 模型应有符合当前阶段的基础信息。

2）**具体质量控制方法**

① 目视检查：确保没有多余的模型组件，并使用导航软件检查设计意图是否被遵循。

② 检查冲突：由冲突检测软件检测两个（或多个）模型之间是否有冲突问题。

③ 建成检查冲突：由冲突检测软件检测两个（或多个）模型之间是否有冲突问题。

④ 标准检查：确保该模型遵循团队商定的标准。

⑤ 元素验证：确保数据集没有未定义的元素。质量检查报告可参考表 3.1-1 的格式进行。

质量检查报告控制表　　　　　　　　　　　　表 3.1-1

区域	检查方法	检查内容	检查结果	检查人	负责人	整改意见
	目视检查/冲突检查/标准检查/元素验证					
	……					

3.2 BIM 模型的审阅与批注

3.2.1 BIM 模型质量审阅的组织模式及审阅职责

在 BIM 模型的审阅与批注中，首要的任务是明确 BIM 模型质量审阅与核查的组织架构图和职责划分（图 3.2-1）。

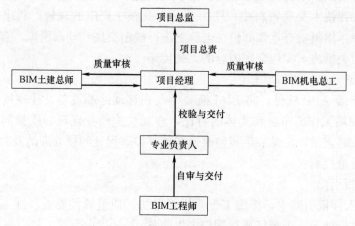

图 3.2-1　BIM 模型审阅的质量组织架构图

(1) 项目总监

流程监察职责：负责项目实施过程中各项质量管理文件的流程监察管理工作。包括：流程签字监察、顾客意见反馈流程、项目后评估流程等。主要内容如下：

1）认真贯彻执行相关质量的方针、政策和规定，负责监督、督促项目质量管理体系，对顾客的质量投诉积极回应。

2）以增强顾客满意为目标，批准、贯彻、实现公司质量方针、目标。确保顾客的要求得到确定并予以满足。

3）提供和确保质量体系运行所必须的各种资源。

4）负责协助项目经理协调或沟通公司内部资源及项目上次架构关系。

5）负责监督、核查项目经理在项目过程中每个重要节点的工作内容及成果。

6）负责督促项目经理在项目实施阶段的各节点收款情况。

(2) BIM 专业总工（师）

质量监察职责：负责项目实施过程中各项专业质量管理文件的质量监察管理工作。包括：项目报告质量、专业模型质量、项目质量评估等。主要内容如下：

1）认真贯彻执行相关质量的方针、政策和规定，负责监督、督促项目报告的质量，对顾客的质量投诉积极回应。

2）监督项目专业负责人认真依照部门质量标准制作 BIM 相关文件。

3）认真听取项目经理提供的项目特殊需求，并针对此项特征给出相关意见或建议，以符合部门质量管理标准化报告。

4）加强项目实施全过程的质量记录工作。重点抓好质量问题记录和审核文件签字确认工作，并将相关资料上传至平台服务器。

5）负责报告关键过程控制，特殊节点坚持专人按规定的项目程序进行操作，严把项目质量关。

(3) 项目经理

质量管理职责：负责项目实施过程中各阶段成果实施计划的实效审核，协调项目各专业间相互关系，保障质量体系。积极配合完成各阶段顾客提出的相关质量意见。承担项目成果质量实施及管理工作，组织项目人员落实反馈或修改意见。主要内容如下：

1）负责建立与质量管理体系运行相适应的项目组织机构，审定批准组织机构各专业负责人间的职责、权限，确保项目内部各专业的职责、权限以及项目与人员之间相互关系得到规定和沟通。确保质量管理体系的有效性、持续性运行。

2）建立项目级管理制度，充分调动、发挥各专业人员的作用，通过各种形式加强员工（或分包）与项目之间、员工与员工之间、员工与分包之间的沟通了解，提高 BIM 交付件合格率，降低问题协调的频率。

3）负责组织项目人员（或分包）按项目的实施计划，保质保量完成任务。

4）严格按 BIM 项目实施流程和质量管控流程组织开展工作。

5）严格按照质量管理流程，将最终项目资料（包括基础资料和成果文件）上传至项目服务平台（对外平台）。

(4) 专业负责人

质量审核职责：负责 BIM 项目中，本专业的成果质量审核及实施工作。按照项目各阶段的实施要求，对 BIM 工程师所递交的成果资料进行核查，并有权退回要求修改。主要内容如下：

1）负责项目本专业的日常 BIM 工作管理，质量审核及矫正工作。

2）负责监督、实施 BIM 工程师按照本专业交付节点，保质保量地完成 BIM 工作。

3）负责对 BIM 工程师所交付的成果进行审核，质量确认后在相关文件上签字盖章。如发现问题，有权要求 BIM 工程师退回修改。

(5) BIM 工程师

质量审核职责：对 BIM 建模过程中负责的工作范围进行自查，以确保工作的准确性。主要内容如下：

1）负责项目中 BIM 建模及配合专业负责人完成相关 BIM 工作报告。

2）将包括过程成果文件在内的所有项目交付文件及核查资料上传至部门内部服务

平台。

3.2.2 BIM 模型审阅与批注的方法

(1) 模型质量控制的目标

1) BIM 模型是建筑生命周期中各相关方共享的工程信息资源，也是各相关方在不同阶段制定决策的重要依据。因此，模型交付之前，应对 BIM 模型质量进行有效管控，以有效地保证 BIM 模型的交付质量。

2) 为了保证 BIM 模型信息的准确、完整，在每一环节的模型发布和下一阶段使用前，应对模型的质量进行规范化和制度化管理。

(2) 模型质量控制一般要求

1) 每一环节模型质量应符合本指南规定的深度要求，应达到符合要求的完整性、准确性、合规性。

2) 前一工序模型质量应能满足下一工序对模型进行深入加工的要求。

3) 设计单位、施工单位为模型主要建立方，应建立各环节内部模型质量保证机制，至少满足一次自校和自审，并应有校审记录上传到协同工作平台备查。

4) 监理单位为各环节模型的审核部门，审核通过以后方可传递到下一环节，并应有监理审核记录上传到协同工作平台备查。

(3) 模型质量控制流程

根据模型质量控制的一般要求，制定模型质量控制流程如图 3.2-2 所示。

流程说明：

1) BIM 工程师（或分包）按项目阶段要求完成相应工作，并依据质量标准对成果进行自审。确认成果质量之后，向专业负责人递交工作成果（模型、报告、动画等）。

2) 专业负责人对成果文件进行专项审核，主要审核内容为：①模型与图纸的一致性；②是否符合项目建模标准；③是否符合项目阶段要求；④BIM 报告的完整性、专业性等。如存在疑问，将退回 BIM 工程师（或分包）修改问题。专业负责人确认本专业范围内质量无误，则提请 BIM 专业总工（师）进行质量审查。

3) BIM 专业总工（师）审核工作主要内容为：①成果是否符合质量标准规范；②成果是否达到图模一致性；③成果是否符合项目阶段要求；④对项目各专业建模信息属性质量进行审查；⑤对各专业间的整合问题进行核查与协调等。如存在疑问，则退回专业负责人，并督促修正。成果质量无问题，则在 BIM 质量成果审核报告中签名确认质量，并将审核报告及成果文件流传至项目经理。

4) 项目经理，对项目成果进行汇总整理，主要工作为：①成果资料是否符合项目经理对项目期望需求；②递交时间是否符合项目要求；③项目最终成果上传至平台服务器，项目经理确认本次工作成果无错误，则在 BIM 质量成果审核报告签名以表示质量获得认可。由项目经理将阶段成果文件交付客户签收。

5) 项目总监，对项目质量监察进行确认工作，审核质量管理流程的正确性，保障项目质量，认可质量管理流程及责任人。一般要求项目总监依照合同签署的阶段，进行审核确认工作。

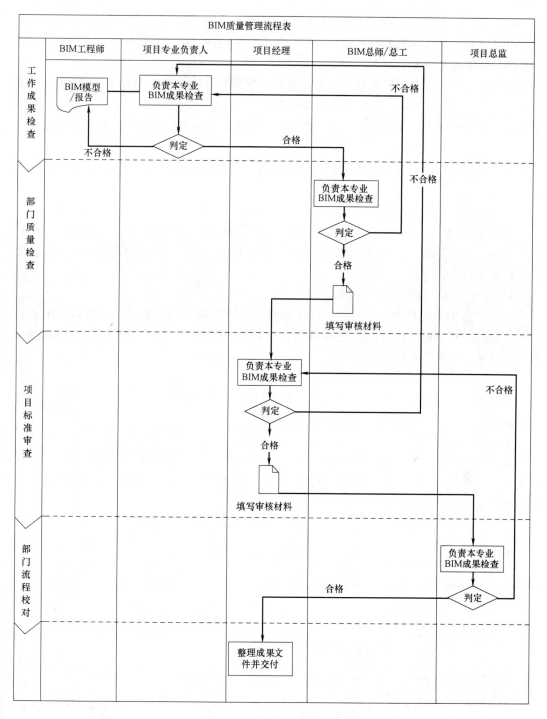

图 3.2-2　BIM 质量管理流程图

（4）模型检查的方式

模型检查的方式主要由人工检查和软件自动检查结合完成。人工检查主要针对模型完整性、合规性等进行检查，模型几何缺陷和协调性是否达到要求主要依赖软件自动检查完成。

除了 Revit 以外，可采用的软件主要还有 Navisworks、Solibri Model Checker、Tek-laBIMSight 等，应根据各软件的特长，进行全方位多角度互相校验检查。

（5）模型检查内容

传统的二维图纸审查重点是图纸的完整性、准确性、合规性，采用 BIM 技术后，模型所承载的信息量更丰富，逻辑性与关联性更强。因此，对于 BIM 模型是否达到交付要求的检查也更加复杂，在制定模型检查规范的过程中，应考虑如下几方面的检查内容：

1）模型完整性要求的符合度检查

BIM 交付物中所应包含的模型、构件等内容是否完整，BlM 模型所包含的内容及深度是否符合交付要求。

2）建模规范性要求的符合度检查

BIM 交付物是否符合建模规范，如 BIM 模型的建模方法是否合理，模型构件及参数间的关联性是否正确，模型构件间的空间关系是否正确，语义属性信息是否完整，交付格式及版本是否正确等。

3）设计指标、规范的符合度检查

BIM 交付物中的具体设计内容，设计参数是否符合项目设计要求，是否符合国家和行业主管部门有关建筑设计的规范和条例，如 BIM 模型及构件的几何尺寸、空间位置、类型规格等是否符合合同及规范要求。

4）模型协调性要求的符合度检查

BIM 交付物中模型及构件是否具有良好的协调关系，如专业内部及专业间模型是否存在直接的冲突，安全空间、操作空间是否合理等。

5）模型缺陷检查

如果说模型碰撞检查是目前 BIM 应用的基本需求，模型缺陷检查则是该软件一个比较有特点的功能。模型碰撞是几何空间的冲突，但其他建筑属性、逻辑关系等问题，就需要通过缺陷检查才能发现。

其中，设计方和施工方应按照表 3.2-1 进行模型的自校自审工作。

设计方和施工方模型检查自校自审工作表格　　　　　　　　　　表 3.2-1

专业	模型完整性要求	建模规范性要求	设计指标要求	模型协调性要求
建筑模型	（1）BIM 模型应包含所有需要的建筑构件； （2）BIM 模型应含所有定义的楼层； （3）每一层的建筑构件及空间应分别建模； （4）模型深度符合本指南的要求	（1）建筑构件应使用正确的对象创建； （2）建筑构件应包括类型； （3）模型中没有多余的构件； （4）模型中没有重叠或重复的构件； （5）构件是否与建筑楼层关联； （6）模型及构件应包含必要的属性信息、编码信息； （7）模型及构件的分类、命名符合规范要求	（1）BIM 模型应包括总楼面面积的空间对象； （2）空间面积须符合空间规划； （3）BIM 模型应包括为机电预留的空间； （4）空间的高度定义（包括吊顶）； （5）空间的形状和大小应与墙相匹配； （6）空间不能有重叠； （7）所有的空间必须有唯一的标识	（1）对象之间无显著冲突； （2）建筑和结构专业模型的结构不能有碰撞冲突

专业	模型完整性要求	建模规范性要求	设计指标要求	模型协调性要求
结构模型	(1)BIM模型应包含所有需要的建筑构件； (2)BIM模型应包含所有定义的楼层； (3)每层的建筑构件应分别定义； (4)模型深度符合本指南的要求	(1)建筑构件应使用正确的对象创建； (2)建筑构件类型应符合约定； (3)模型中没有多余的构件； (4)模型中没有重叠或重复的构件； (5)构件是否与建筑楼层关联； (6)模型及构件应包含必要的属性信息、编码信息； (7)模型及构件的分类、命名符合规范要求	(1)柱和梁的连接； (2)结构中应包括为机电预留的开洞	(1)对象之间无显著冲突； (2)建筑和结构专业模型的结构不能有碰撞冲突； (3)开洞与建筑和结构构件不能有冲突
机电模型	(1)BIM模型应包含所有需要的建筑构件； (2)BIM模型应包含所有定义的楼层； (3)每层的组件应分别定义； (4)模型深度符合本指南的要求	(1)组件应使用正确的对象创建； (2)组件应属于一个正确的系统； (3)应系统地定义机电系统使用的颜色； (4)模型中没有多余的组件； (5)没有重叠或重复的组件； (6)构件是否与建筑楼层关联； (7)模型及构件应包含必要的属性信息、编码信息； (8)模型及构件的分类、命名符合规范要求	组件应符合为其预留的空间	(1)组件之间无显著冲突； (2)机电专业之间不能有碰撞冲突； (3)机械、设备与电气之间不能有碰撞冲突； (4)机械设备与建筑、结构之间不能有碰撞冲突； (5)机械设备应具备合理的搬运、安装及维修空间
综合协调模型	达到各专业模型内容及深度要求	(1)达到各专业建模规范要求； (2)所有约定的模型应可用； (3)模型应当表示相同版本的设计； (4)各专业模型应统一设计基准,在正确的坐标系中定位		(1)竖井与机电系统不得有碰撞冲突； (2)水平预留与机电不得有冲突； (3)吊顶与机电不得有冲突； (4)穿透柱不得有干涉； (5)穿透梁不得有干涉； (6)穿透楼板不得有干涉

3.2.3 BIM 模型构建的常用软件

BIM 软件的选择是 BIM 模型构建的前提条件。BIM 软件种类繁多，大都自成体系，例如国外的 Autodesk 系列、Bentley 系列、Dassault 系列以及国内的鲁班 BIM 系列、广联达系列等，不同的系列有各自的优势与劣势。比如 Autodesk 系列软件在民用建筑市场的设计阶段有良好的表现，其软件建模性能强、表现样式好，从建模、模型集成、分析到可视化表达自成体系；Bentley 系列软件产品在工厂设计（石油、化工、电力、医药等）和基础设施（道路、桥梁、市政、水利等）领域存在优势；Dassault 系列软件产品适中，起源于飞机制造业，在制造业及机械加工方面表现出众，对于工程建设行业复杂形体处理能力也比较强，但操作过于复杂，应用于国内传统建筑行业的要求较高；而鲁班和广联达的 BIM 系列在计价产品上优势明显，近年来专注于建造阶段，逐步形成了围绕基于 BIM

的工程基础数据的全过程的解决方案，符合国内的各种相关建设规范的要求，发展迅速。

国外 BIM 软件，品种和数量很多，因为其起步早，在全球市场也具有较大影响力。加拿大 BIM 学会（Institute for BIM in Canada，IBC）对欧美国家的 BIM 软件进行了统计，共有 79 个相关软件，其中可以在设计阶段使用的软件有 62 个，占总数的八成左右；约三分之一左右可以在建造阶段使用，而运营阶段的软件数量不足 9%。美国总承包商协会（Associated General Constractors of Ameican，AGC）把 BIM 软件（含 BIM 相关软件）分成八大类：

（1）概念设计和可行性研究软件（Preliminary Design and Feasibility Tools）。

（2）BIM 核心建模软件（BIM Authoring Tools）。

（3）BIM 分析软件（BIM Analysis Tools）。

（4）加工图和预制加工软件（Shop Drawing and Fabrication Tools）。

（5）施工管理软件（Construction Management Tools）。

（6）算量和预算软件（Quantity Takeoff and Estimating Tools）。

（7）计划软件（Scheduling Tools）。

（8）文件共享和协同软件（File Sharing and Collaboration Tools）。

结合我国的实际情况，BIM 模型构建的常用软件可参照表 3.2-2。

BIM 模型构建的常用软件　　　　　　　　　　　　　　　　表 3.2-2

概念设计和可行性研究软件(Preliminary Design and Feasibility Tools)			
产品名称	厂家	专业用途	备注
Sketchup	Trimble	建筑	优先级(高)
Rhino+GH	Robert McNeel	建筑、结构、机电	优先级(高)
Revit	Autodesk	建筑、结构、机电	优先级(中)
Digital Project	Gehry Technologies	建筑、结构、机电	优先级(低)
CATIA	Dassault System	建筑、结构、机电	优先级(低)
BIM 核心建模软件(BIM Authoring Tools)			
产品名称	厂家	专业用途	备注
Rhino+GH	Robert McNeel	建筑、结构、机电	优先级(高)
Revit	Autodesk	建筑、结构、机电	优先级(高)
Tekla Structures	Tekla	结构	优先级(中)
Bentley BIM Suite	Bentley	建筑、结构、机电	优先级(中)
Ditigal Projiect	Gehry Technologies	建筑、结构、机电	优先级(低)
CATIA	Dassault System	建筑、结构、机电	优先级(低)
BIM 分析软件(BIM Analysis Tools)			
产品名称	厂家	专业用途	备注
Vasari	Autodesk	绿色分析	优先级(高)
Green Building Studio	Autodesk	绿色分析	优先级(高)
Ecotect	Autodesk	绿色分析	优先级(高)
Simulation CFD	Autodesk	绿色分析	优先级(高)
eQUEST		绿色分析	优先级(中)

BIM 分析软件(BIM Analysis Tools)			
产品名称	厂家	专业用途	备注
EnergyPlus	US Department of Energy	绿色分析	优先级(中)
IES	IES	绿色分析	优先级(中)
PKPM	中国建筑科学研究院	结构分析	优先级(高)
SAP	CSI	结构分析	优先级(高)
ETABS	CSI	结构分析	优先级(高)
鸿业	鸿业	机电分析	优先级(高)
博超	博超	机电分析	优先级(高)
ANSYS	ANSYS	综合分析	优先级(高)
Structural Analysis/Detailing, Building Performance	Bentley	综合分析	优先级(中)

（资料来源：益埃毕集团，2016）

3.3 BIM 模型的版本管理与迭代

建筑信息模型（BIM）强调信息传输的一致性及连续性，这有效解决了以往 2D 方式沟通产生的数据断层。BIM 模型应用的阶段不同对模型的要求也不同，模型的修改及更新使模型产生不同的版本。如果不能对各版本模型进行统一的管理，新版本覆盖旧版本模型后使得版本间的差异性难以识别，将导致在模型中获取数据变得更加困难。模型版本管理能够有效提高不同版本间获取数据的效率，提升 BIM 模型在施工及运维阶段的应用价值。

3.3.1 版本管理的基本工具与方法

（1）BIM 模型版本管理的基本工具

BIM 模型版本管理工具可以使 BIM 模型集中安全地存储在服务器上，建立一套以服务器为中心的 BIM 模型组织、使用、协作、监管机制，并支持 BIM 模型的流程管控，让 BIM 模型版本管理更加方便、BIM 模型的应用更加高效。依据项目不同阶段的使用需求，模型版本可以按设计模型、预算模型、实际模型、运维模型等进行设置；依据不同专业划分，模型版本可以按土建模型、钢筋模型、安装模型等进行设置；模型版本还可以按公司组织架构、项目名称进行设置。不同版本之间应该以版本号、版本时间、编辑人员进行区分。常用的 BIM 模型版本管理工具可实现模型的版本添加、版本修改和版本删除的操作，图 3.3-1 为基于 BIM 项目模型的管理平台界面范例。

（2）BIM 模型版本的管理方法

随着版本管理理论的发展，逐步发展出：线性版本管理方法、树状版本管理方法、有向无环图版本管理方法。

1）线性版本管理模型是一种最简单的版本关系管理模型。它是以版本生成的先后顺

企业基础数据管理系统(EDS)

	企业信息	组织结构	工程管理	BE	MC	BW	BV/iBan	构件库	自动套	指标库	价格库	编码库

创建工程　删除工程　监控设置　　　　　　　　　　　　　　　　　　　　工程名称/上传人/所属项目部　　搜索

	工程名称	工程类型	专业	上传人	创建/上传时间▼	图纸	大小	所属项目部
☐	仁恒滨海中心营销5号B (A标段111	施工工程	安装预算	1866288185	2015-10-24 13:15:15	0	117.74MB	仁恒滨海中心 (A标段)
☐	南通政务中心北侧停车综合楼管线综	预算工程	安装预算		2015-09-30 09:19:52	0	74.58MB	南通市政务中心北侧停车综合楼项目
☐	南通政务中心土建 (PC)	预算工程	土建预算	heimatw	2015-09-03 11:07:52	0	71.05MB	南通市政务中心北侧停车综合楼项目
☐	科技楼修改模型1 (一次+二次)	施工工程	土建预算	277721796	2015-08-28 18:27:10	0	53.76MB	中国电子科技集团公司第五十研究科技综合项目
☐	备份	预算工程	安装预算	252937355	2015-08-27 19:27:13	0	54.59MB	中国电子科技集团公司第五十研究科技综合项目
☐	科研综合楼-电气	预算工程	安装预算	252937355	2015-08-26 15:16:56	0	29.58MB	中国电子科技集团公司第五十研究科技综合项目
☐	地下室管线2015O811	预算工程	安装预算		2015-08-24 12:47:18	0	91.70MB	南通市政务中心北侧停车综合楼项目
☐	南通政务中心土建+钢筋 (PC)	预算工程	Revit	heimatw	2015-08-21 16:16:20	0	77.09MB	南通市政务中心北侧停车综合楼项目
☐	科研综合楼-给排水	预算工程	安装预算	252937355	2015-08-21 09:43:42	0	33.48MB	中国电子科技集团公司第五十研究科技综合项目
☐	科研综合楼-消防	预算工程	安装预算	252937355	2015-08-20 13:13:56	0	32.80MB	中国电子科技集团公司第五十研究科技综合项目
☐	科研综合楼-弱电	预算工程	安装预算	252937355	2015-08-20 13:13:01	0	30.70MB	中国电子科技集团公司第五十研究科技综合项目
☐	科研综合楼-暖通	预算工程	安装预算	252937355	2015-08-20 13:10:35	0	11.58MB	中国电子科技集团公司第五十研究科技综合项目
☐	南通政务中心安装 (消防-给排水+扌	预算工程	安装预算		2015-08-12 20:51:45	0	74.60MB	南通政务中心北侧停车综合楼项目
☐	科技综合楼基坑支护模型	预算工程	土建预算	277721796	2015-07-23 18:21:03	0	5.73MB	中国电子科技集团公司第五十研究科技综合项目
☐	科技综合楼预算模型 (土建)	预算工程	土建预算	277721796	2015-07-23 09:09:58	5	45.14MB	中国电子科技集团公司第五十研究科技综合项目

创建工程　删除工程　监控设置　　　　　　　　　　　　　　　　　　　　工程名称/上传人/所属项目部　　搜索

图 3.3-1　BIM 平台版本管理工具

序进行排列。各版本之间按顺序排列的关系，每个版本最多有一个父版本和子版本。这种模型的缺点是无法反映不同版本之间逻辑上的关系。无法用该模型反映不同的产品版本的变化过程和设计方案。时间上出现在后面的子版本不一定由它的父版本得到。

2) 树状版本管理模型中只有根版本节点没有父版本，其余的子版本都有父版本。一个父版本可以有多个子版本。这种版本模型结构层次清晰，每一个节点表示一个版本，每条有向边表示版本之间的依赖关系。该模型缺点是不能表示多个设计版本合并成一个新版本的情况。

3) 有向无环图版本管理模型能够描述每一个版本的历史信息，还可以表示把多个版本合并成一个新版本的过程。该模型中每个节点表示一个版本，每条有向边表示版本之间的依赖关系。该模型中版本之间可以平行存在，一个版本又可以有多个父版本，能很方便地表示版本之间的继承关系和依赖关系。该模型能够描述版本合并和版本历史信息变更，只能用版本序号来描述版本产生层次和根源。该模型的缺点是无法表示版本之间的关联关系。

3.3.2　模型版本的属性与迭代方法

(1) BIM 模型组成部分的版本属性读取方法

大型项目的 BIM 模型量大，往往需要按专业、按阶段等方式进行工作分解，最终 BIM 模型由各部分模型组成。模型合并过程中需注意模型版本的选择，新合并的模型中含有多个子模型，在合成的 BIM 模型中要保留被合并子版本号的属性。可利用版本命名实现不同组成部分模型的区分，BIM 总体模型按版本号读取不同组成部分模型。如图 3.3-2 所示。

（2）BIM 模型更替迭代方法

1）版本添加。如果要添加一个新版本，我们通过查询版本字典从而获得该版本的当前版本号，在当前版本号基础上加 1 就是要添加新版本的版本号，然后建立插入的新版本和其前驱版本之间的关联关系。其父版本的子版本属性中添加新版本的版本号，新版本的父版本属性中记录前驱版本的版本号，同时设置添加新版本的子版本号属性为空。

2）版本修改。版本修改操作有两种情况：一种是保留历史版本修改，为了保存历史版本，修改后的版本作为新版本进行添加；另一种是替换版本

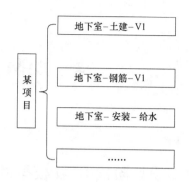

图 3.3-2 某项目的地下室版本属性

修改，修改后的版本替换原版本。保留历史版本的修改可以看成是一个新版本添加的过程，操作过程同添加版本过程类似。替换修改版本可以看成是删除版本过程和添加版本过程的结合，删除被修改的原版本，添加修改后的新版本。

以上两种方式的版本修改，其中最常用到的是替换版本修改，由于 BIM 模型与外部数据进行链接，采用此种方式可以实现只修改和更替 BIM 模型部分，而不影响到与之关联的外部数据链接。其原理是通过上传模型数据文件作为通道将模型文件作为基础。模型文件在新建文件时会定义 Juid＋工程名称，Juid 是工程的后台身份证，工程名称是我们手动命名的，我们在上传模型数据文件时就会判定这两个内容是否一致，如果两个都一致则系统评定为更新模型（版本修改），如果不一致那就判定为上传新项目（版本添加）。

3）版本删除。在协同设计过程中会产生大量的冗余版本，为了节约存储空间，提高版本查询速度，版本删除的操作特别重要。为了能很好地回溯历史版本，系统必须记录要删除版本的版本号、时间、理由、操作人员等。拥有删除权限的操作者才能对版本进行删除操作。不同的版本包含不同的设计信息，反映产品设计过程中不同阶段的设计信息，但是每个版本都是独立保存的文件。如果要删除一个版本，它是不会影响其他版本的相关信息的，版本的删除完全可以保证其他版本内容的完整性。版本删除操作有两种基本方式：一种是只删除指定的一个版本，与其相关联的后继版本不进行删除操作，此时要将删除版本中的信息存入其所有后继版本中进行标记；另一种方式是删除指定的版本，在后继版本中不进行标记。

4）版本回溯。通过版本之间形成的历史版本链，可以对历史版本进行回溯。在整个建筑生命周期中，根据不同的需求 BIM 模型要经历无数次修改，在这个过程中产生大量中间版本。设计人员希望能够随时查看 BIM 模型的某一历史版本。在最终的 BIM 模型完成之前，由于中间版本蕴涵了丰富的建筑信息和应用方法，需要对项目开展过程中产生的所有历史版本进行保存。利用版本回溯技术，使用者可以很方便地回溯产品设计过程中产生的任何一个历史版本，以便于比较和回顾。

4 BIM 模型的多专业综合

4.1 设计阶段 BIM 模型的多专业综合

设计阶段 BIM 模型的多专业综合是将不同专业的模型，如建筑、结构、机电、幕墙等，利用工作集或者链接的方式，在软件中进行整合，并利用整合后的模型进行可视化漫游、碰撞检测、进度模拟等一系列综合应用。目前设计阶段常用的 BIM 整合软件为 Navisworks，因此本章节中部分举例将依据该软件的操作过程。

4.1.1 多专业间 BIM 模型综合管理的原则与方法

不同的设计阶段（如方案设计、扩初设计、施工图设计、施工深化设计）以及不同的模型应用（如场地分析、设计方案比选、虚拟仿真漫游），都将对模型综合提出不同的要求。因此，多专业间模型的综合需要根据应用目标来确定，同时模型综合也是一个多次反复的过程。在实际项目中，应用较多的是将建筑物的建筑、结构、机电 BIM 模型进行整合，并进行碰撞检测。

在多专业模型综合的工作中，为保证多专业间模型的整合符合实际应用要求，需遵循若干原则：

(1) 根据不同的需求提前准备不同的模型

需求不同，模型内容不同。如在进行"场地分析"的时候，只需要准备场地模型和相关的单体外框模型；在进行设计方案比选的时候，只需要准备建筑设计模型；在进行碰撞检测的时候，需要准备建筑、结构、机电模型；对于有些项目，可能需要准备幕墙模型。

(2) 创建模型时需利用相同长度单位和坐标体系

在创建不同专业的模型时，需应用相同长度单位和坐标体系，这样的模型整合以后不会出现"挪位"现象。尤其在整合场地模型与单体建筑模型的时候，要在模型创建时确保不同模型坐标体系的一致性。

(3) 整合模型前保证单专业模型基本正确

通常，应用者很难保证单专业模型完全正确，但需要在符合应用目标要求下基本正确。错误的模型会导致错误的应用结果。比如，在进行机电与土建碰撞检测应用中，一定需要保证土建模型相对正确，这样机电管线与梁的冲突检测结果才会反映实际情况。在实际项目中，有大量单专业的图纸问题是通过模型整合暴露出来的，从而促使工程师完善图纸质量。

4.1.2 多专业 BIM 模型碰撞检测的标准管理

多专业协同设计是指建筑、结构、MEP 等各个专业在同一个工作平台下共享建筑项目信息模型并协同工作。基于 BIM 的多专业协同设计中，不同专业人员使用各自的 BIM 模型，与建筑信息基础模型链接，并在与其同步后，通过碰撞检查，将新创建或修改的信息自动添加到建筑信息基础模型中。

（1）多专业碰撞检测的意义

碰撞检测是贯穿整个协同设计过程的，通过碰撞检测可以使多专业协同设计进行更为及时与有效的联系，在设计的进行中不断地将不同专业的设计同步更新与优化。简单地说，任何一个专业的设计都影响其他专业的设计，并且任何一个专业的设计都受其他专业设计的制约。

碰撞检测在多专业协同设计中担当的是制约与平衡的角色，使多专业设计"求同存异"，这样随着设计的不断深入，定期地对多专业的设计进行协调审查，不断地解决设计过程中存在的冲突，使设计日趋完善与准确。这样，各专业设计的问题得以在图纸设计阶段解决，避免了在日后项目施工阶段返工，可以有效缩短项目的建设周期和降低建设成本。

（2）碰撞检测的思路

碰撞检测的目的是寻找碰撞点，根据碰撞信息修改设计。在传统二维管线综合中，设计师使用线条表示平面位置，通过数字与字母的标注表示不同的管道系统的标高与管径。这种表现形式相对简单，同时二维管线综合的效果也一般。设计师只能通过平面图把各种管线与桥架的标高变化与错综复杂的交叉在脑海中绘制，然后判断这些管线是否合理，是否存在碰撞。这样对设计师的要求就很高，同时也要花费大量的人力物力在检查管线是否碰撞上，并且这种检查的效率也很低，因此就使得机电专业传统二维管线综合已经很难胜任新形势下的要求。

在进行管线综合碰撞分析时，先对模型管线进行全面修改，优化管线走向，在消除系统性碰撞的同时使设备管线排布更加合理。首先确定电气桥架位置，在满足设计与施工要求的同时，给设备管线留足够的空间。然后依据"有压让无压、小管让大管"的原则，按照各个系统调整设备管道，并注意给电气专业留出检修空间。在完成以上步骤之后再把模型导入到相关软件（例如：Navisworks）中做碰撞检查，以检测上面很难发现的碰撞点，最终得到满足专业及施工要求的"零碰撞"模型。

（3）碰撞检测的类型

通过 BIM 模型，计算机可以将所有符合碰撞条件的碰撞点查找出来，生成碰撞点列表。每条碰撞点信息包括碰撞类型，碰撞深度。例如，在 Navisworks 软件中双击碰撞点链接可以查看碰撞的具体三维情况。需要注意的是，在检查碰撞时计算机有时会把设备之间的连接误判为碰撞。由于计算机本身还无法判断碰撞真假，设计者需要人为去判断。

碰撞类型可以分为硬碰撞、间隙碰撞、单专业碰撞和多专业碰撞，下面将重点介绍后两种类型。

1）硬碰撞：实体在空间上存在交集。这种碰撞发生在结构梁、空调管道和给水排水管道三者之间。

2）间隙碰撞：顾名思义间隙碰撞就是两个实体并没有交集，但两者之间的距离 d 比设定的公差要小即被认为发生碰撞。

3) 单专业碰撞：单专业综合碰撞检测相对简单，只在单一专业内查找碰撞，设计者将某一专业模型导入 Navisworks，直接进行分析即可，如图 4.1-1 所示。

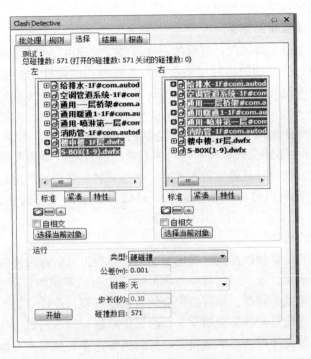

图 4.1-1　单专业碰撞检测范例

4) 多专业碰撞：多专业的综合碰撞检测包括暖通、给水排水、电气设备管道之间以及与结构、建筑之间的碰撞，为实现准确快速的分析应注意以下两点。首先，一栋建筑物内部的管道实体数量庞大，排布错综复杂，如果一次全部进行碰撞检测，计算机运行速度和显示都非常慢，为达到较高的显示速度和清晰度的目的，在完成功能的前提下，应尽量减少显示实体数量，一般以楼层为单位；另一方面，考虑到专业画图习惯，还要能同时检查相邻楼层之间的管道设备，例如空调设备管道通常在本层表示，而给水排水专业在本层表示的许多排水管道其物理位置在下一层。如图 4.1-2 所示。

在进行管线综合碰撞分析时，先对模型管线进行全面的修改，优化管线走向，在消除系统性碰撞的同时使设备管线排布更加合理。首先确定电气桥架位置，在满足设计与施工要求的同时，给设备管线留出足够空间。然后依据"有压让无压、小管让大管"的原则，按照各个系统调整设备管道，并注意给电气专业留出检修空间。经过第一轮碰撞修改之后，模型基本达到令人满意的效果，完成第一轮管线调整之后，我们将模型导出到 Navisworks 软件中做碰撞检测，以排查在第一次调整中人工很难发现的碰撞点，反复调试，最终得到满足专业及施工要求的"零碰撞"模型。

但是，由于通过软件自动检测形成的碰撞多为构件的物理碰撞，与设计要求形成的冲突检测的工程结果并不完全一致，因此在实际项目中，冲突检测文档基本上还是在物理碰撞的基础上，BIM 工程师会整理成有固定格式的 WORD 文档（图 4.1-3），并提供优化建议，供工程管理人员使用。

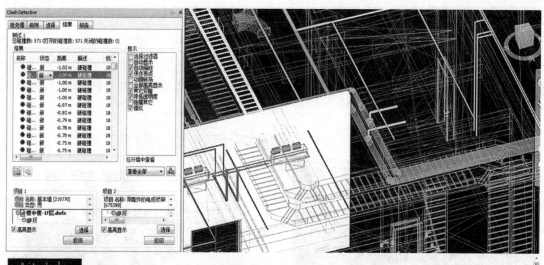

Autodesk Navisworks 碰撞报告

测试 1	公差	碰撞	新建	激活	已审阅	已核准	已解决	类型	状态
	0.001m	571	0	571	0	0	0	硬碰撞	确定

图像	碰撞名称	状态	距离	说明	找到日期	碰撞点	项目 1 项目 名称	项目 类型	项目 2 项目 名称	项目 类型
	碰撞1	活动的	-1.65	硬碰撞	2013/5/18 10:30.55	x:21.59、y:3.99、z:14.81	基本墙 [207769]	壳	管道类型 [644924]	壳
	碰撞2	活动的	-1.62	硬碰撞	2013/5/18 10:30.55	x:21.59、y:4.20、z:14.48	基本墙 [207769]	壳	管道类型 [648115]	壳
	碰撞3	活动的	-1.54	硬碰撞	2013/5/18 10:30.55	x:0.79、y:4.46、z:-12.20	基本墙 [207718]	壳	管道类型 [652711]	壳

图 4.1-2　多专业碰撞检测范例

示例中的碰撞检测与优化过程简单描述如下：

1）布置原则：

① 当同专业管道发生相互碰撞时，可以采取局部避让绕行。在施工阶段，施工人员不一定完全按图纸进行施工，必要时可进行灵活处理。

② 根据设计图先对风管进行布置，后再布置桥架的位置。风管根据设计标高来布置，而桥架在一般情况下贴梁底布置（对桥架标高有固定要求除外）。当两者发生冲突时，应优先调整桥架，因为桥架尺寸小、造价低且所占空间小，易于更改路线和移动安装；而风管由于造价高、尺寸重量大等原因，一般不会做过多的翻转和移动。

2）涉及专业：矩形风管、圆形风管、槽式电缆桥架。

3）解决方案：

① 解决方案 1：圆形风管标高保持不变，将发生碰撞的槽式强电桥架和梯式弱电桥架标高整体向下偏移 200mm，矩形风管标高降低 100mm。

② 解决方案 2：将矩形风管标高降低 100mm，槽式电缆桥架标高提高 150mm，圆形风管标高保持不变。

③ 解决方案 3：矩形风管标高保持不变，将发生碰撞区域的圆形风管标高上升 100mm，槽式电缆桥架标高提高 250mm。

登记日期	2013年5月4日	问题出处	
发出人		5号轴和D号轴交界处	
问题编号	通用-1F-003	问题描述	
专业,图名,楼层,图号,版本	管线综合碰撞,管线综合图,1F,WS-2013-ZX005-通用实验楼	图中标记处矩形风管与圆形风管发生碰撞;圆形风管与槽式强电桥架发生碰撞	
问题审核人			
管综碰撞检测截图		优化方案	

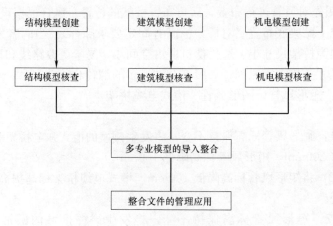

图 4.1-3　管线综合碰撞检测优化范例

4.1.3　多专业 BIM 模型的整合与分解

如果在 Revit 中利用工作集模式进行工作,则模型本质上是一整个模型,可以根据不同的任务要求随时分解成单专业模型。如果利用链接模式进行工作,则通常建筑、结构、机电是分层分专业创建的,在需要的时候整合起来形成单一的 Revit 模型。在实际应用中,利用 Navisworks 进行整合和碰撞检测较多。

由同一个团队进行建模和整合相对比较容易,但如果涉及不同建模团队进行整合,则工作流程与责任分工尤其重要。多专业模型的整合的流程可如图 4.1-4 所示。

```
结构模型创建        建筑模型创建        机电模型创建
    │                 │                 │
结构模型核查        建筑模型核查        机电模型核查
    │                 │                 │
    └─────────────────┼─────────────────┘
                      │
              多专业模型的导入整合
                      │
              整合文件的管理应用
```

图 4.1-4　多专业模型的整合流程图

（1）单专业模型创建与核查

① 建筑专业模型创建与核查：不同设计阶段的建筑专业模型创建与核查的内容和深度要求可以根据实际项目需求参考相关标准，或参考本书 2.2.3。

② 结构专业模型创建与核查：不同设计阶段的结构专业模型创建与核查的内容和深度要求可以根据实际项目需求参考相关标准，或参考本书 2.2.3。

③ 机电专业模型创建与核查：不同设计阶段的机电专业模型创建与核查的内容和深度要求可以根据实际项目需求参考相关标准，或参考本书 2.2.3。

（2）多专业模型的整合

将建筑、结构以及 MEP 的所有各专业的 RVT 格式文件全部转化为 DWF/DWFX 文件，并用 Navisworks 软件打开，这时，所有文件都会增加 NWC 格式文件（Navisworks 专用格式文件），打开任意一项专业（例如暖通）之后，将其他各个专业 DWG 文件分别导入，在"选择树"面板中把不需要碰撞检测的参照等隐藏。然后将所有文件分不同楼层全部整合在一起，得到 NWF 整合文件。

（3）整合文件的管理应用

利用整合文件，在 Navisworks 当中就可以进行碰撞检测、4D 模拟等应用。整个项目的模型修改过程中，需要不断导入更新后的模型文件，形成新的整合文件进行应用。因此，整合文件版本管理、整合文件的分专业分版本的处理技巧尤显重要，否则会引起混乱。比如在碰撞检测应用中，导入不同版本的机电文件，可以利用隐藏/显示功能使得当前机电文件可见（见图标 4.1-5 中标识 1）；又如在碰撞视点的管理中，当某个碰撞点被处理消除后，可以将该视点从"未解决"文件夹移动到"已解决"文件夹中（如图 4.1-5 中的标识 2）。这些管理技巧将帮助整合文件更好地应用。

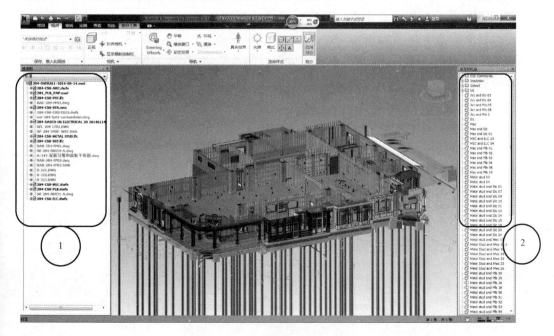

图 4.1-5　碰撞检测整合文件范例

4.2　施工阶段 BIM 模型的多专业综合

施工信息模型（Building Information Model in Construction），在施工阶段应用的建筑信息模型，是深化设计模型、施工过程模型、竣工模型等的统称，简称施工模型。施工信息模型的多专业综合管理工作主要体现在碰撞检测标准管理、4D 施工工艺模拟及方案优化、施工协同与控制等方面。

施工阶段 BIM 模型的多专业综合是将不同专业的施工模型，如建筑、结构、机电、钢结构等，利用 BIM 协同管理平台和碰撞检测软件进行整合，并利用整合后的模型进行碰撞检测、管网综合排布、进度模拟、可视化沟通、施工方案模拟和优化等一系列综合应用。目前常用的施工阶段 BIM 模型多专业综合应用平台软件有欧特克公司的 Navisworks、鲁班软件研发的鲁班 BIM 系统平台管理软件及其客户端（Luban BE、Luban MC、Luban BIM Works）、广联达 BIM 5D 软件、BIM 审图软件等。

施工模型可采用集成方式统一创建，也可采用分工协作方式按专业或任务分别创建。目前两种创建方式都在使用，但由于三维设计远未普及，目前大多数设计图纸是二维设计，采用分工协作方式按专业或任务分别创建各专业施工模型是主流建模方法。

鉴于以上情况，做好施工信息模型的多专业综合管理工作就非常重要。

4.2.1　施工 BIM 模型间综合管理的原则与方法

施工 BIM 模型的多专业综合管理，必须遵循以下原则和方法：

(1) 原则

基于 BIM 综合应用的业主主导原则、标准化原则、过程性原则和跨组织协同原则，美国建筑科学研究学会（National In-stitute of Building Sciences-NIBS）下属机构 buildingSMART 联盟提供的项目生命周期成本分布（图 4.2-1）表明：不管是项目建设阶段还是运营阶段，利用 BIM 技术对建筑物质量和性能的提高，其最大的受益者永远是业主。

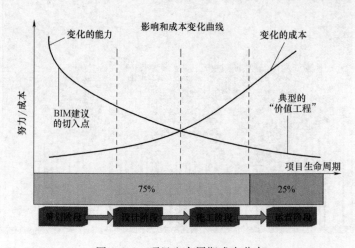

图 4.2-1　项目生命周期成本分布

因此，构建一个互操作性强、项目所有参与方都能在这个平台上共享信息、协同工作的企业级或项目级 BIM 协同管理平台，并确定配套使用的 BIM 应用软硬件系统方案（如建模软件、碰撞软件、网络服务器等），可以实现在建设项目施工阶段，多专业 BIM 模型和数据共享、合成和协同管理。

（2）方法

1）采用分工协作方式按专业或任务分别创建的项目施工模型应采用全比例尺和统一的坐标系、原点、度量单位。模型元素应具有统一的分类、编码和命名规定，若发生设计变更，应相应修改施工模型相关模型元素及关联信息，并记录工程及模型的变更信息。模型或模型元素的增加、细化、切分、合并、合模、集成等所有操作均应保证模型数据的正确性和完整性。故模型元素信息宜包括：尺寸、定位等几何信息；名称、规格型号、材料和材质、生产厂商、功能与性能技术参数以及系统类型、连接方式、安装部位、施工方式等非几何信息。模型细度应满足深化设计、施工过程和竣工验收等各项任务的要求。

2）在深化设计、施工过程与竣工模型的建立与使用中，应做到 BIM 模型与工程实际施工情况协同管理和控制。其中 BIM 模型协同管理要点包括：第一，深化设计模型宜在施工图设计模型基础上，通过增加或细化模型元素创建，土建、机电、钢结构、幕墙、装饰装修等深化设计模型应支持深化设计、专业协调、施工工艺模拟、预制加工、施工交底等 BIM 应用。第二，施工过程模型宜在施工图设计模型或深化设计模型基础上创建。宜按照工作分解结构（Work Breakdown Structure，WBS）和施工方法对模型元素进行必要的切分或合并处理，并在施工过程中对模型及模型元素动态附加或关联施工信息。施工过程模型宜包括施工模拟、进度管理、成本管理、质量安全管理等模型，应支持施工模拟、预制加工、进度管理、成本管理、质量安全管理、施工监理等 BIM 应用。第三，竣工模型宜在施工过程模型基础上，根据项目竣工验收需求，通过增加或删除相关信息创建。

3）此外，碰撞检测是施工 BIM 模型间综合管理的重要内容和突出表现，因此，要做好碰撞检测规则制定、管理与控制，在施工方案的模拟与优化中，可根据 BIM 模型的模拟结果及时调整施工方案。

4.2.2　施工 BIM 模型间碰撞检测的标准管理

碰撞检测即对建筑模型中的建筑构件、结构构件、机械设备、水暖管线等进行空间交叉、碰撞等导致无法施工的现象进行智能检测，并自动生成碰撞问题报告。为专业协调、管线综合、参数复核、支吊架设计、机电末端和预留预埋定位等工作提供依据，优化各专业间施工顺序、解决工作面交叉问题、提升施工精度和安装效率。

（1）建设项目的碰撞问题大致有五类

1）实体碰撞（硬碰撞），即对象间直接发生交错。

2）延伸碰撞（软碰撞），如某设备周围需要预留一定的维修空间，或出于安全考虑与其他构件间应满足最小间距要求，在此范围内不能有其他对象存在。

3）功能性阻碍，如管道挡住了日光灯的光，虽未发生实体碰撞，但后者不能实现正常功能。

4）程序性碰撞，即在模型设计中管线间不存在碰撞问题，但施工中因工序错误，一些管线先施工致使另外的管线无法安装到位。

5）未来可能发生的碰撞，如系统扩建、变更。

（2）碰撞检测的标准管理内容

选择适宜的碰撞检测软件，综合应用碰撞检测软件的冲突检测功能，不仅可实现三维模型硬碰撞的自动检测，而且可以实现施工过程中的"延伸碰撞（软碰撞）"的检测。

多专业碰撞模型（深化设计模型）基于施工图设计模型或建筑、结构和机电专业设计文件创建，模型创建过程中，应补充或完善施工图设计模型或设计文件未确定的设备、附件、末端设备等模型元素，应有详细的尺寸、标高、定位和形状，并应补充必要的专业信息和产品信息。表4.2-1为机电施工模型应该包含的模型元素和信息，机电深化设计模型可按专业、楼层、功能区域等进行组织。

机电施工模型的模型元素和信息表 表4.2-1

专业	模型元素	模型元素信息
给水排水	给水排水及消防管道、管件、管道附件、仪表、喷头、位于装置、消防器具等	①几何信息：尺寸大小等形状信息；平面位置，标高等定位信息
暖通空调	风管、风管附件、风管管件、风道末端、暖通水管道、管件、管道附件、仪表、机械设备等	②非几何信息：规格型号、材料和材质信息、生产厂商、技术参数等产品信息
电气	桥架、电缆桥架配件、母线、电气配管、照明设备、开关插座、配电箱柜、电气设备、弱电末端装置等	③系统类型、连接方式、安装部位、施工方式等安装信息

当项目的各个专业（建筑、结构、设备）建模完成，集成到碰撞检测系统中，制定相应的检测规则，即可进行碰撞检测，碰撞检测系统将自动生成截图及包含相交部分长度、碰撞点三维坐标等信息的详细的检测报告，便于查找碰撞的构件和位置。图4.2-2为鲁班云碰撞检测软件碰撞规则编辑及管理界面和碰撞检测报告范例界面。

根据碰撞检测报告，对存在的风水电各专业之间的交叉、机电专业与结构专业的碰撞

名称：碰撞 13
构件1：土建\墙\砼外墙\DWQ01(H=-2100mm~250mm)
构件2：给水排水\管道\雨水管\排水用PVC-U-De110(H=4100mm)\室内雨水
轴网：8-9/1/S-S
位置：距8轴1960mm；距S轴150mm
碰撞类型：已解决
备注：

名称：碰撞 14
构件1：土建\墙\砼外墙\DWQ01(H=-2100mm~-200mm)
构件2：给水排水\管道\雨水管\排水用PVC-U-De110(H=4100mm)\室内雨水
轴网：1-2/Q-P
位置：距2轴150mm；距P轴1466mm
碰撞类型：已解决
备注：

名称：碰撞 15
构件1：土建\墙\砼外墙\DWQ01(H=-2100mm~250mm)
构件2：给水排水\管道\雨水管\排水用PVC-U-De160(H=4100mm)\室内雨水
轴网：13-1/13/1/L-L
位置：距13轴400mm；距1/L轴1505mm
碰撞类型：已解决
备注：

图4.2-2 碰撞检测的标准和碰撞报告输出的标准

问题、净高不满足使用需要问题、管线排布不合理、不美观、管道支架不合理等问题进行综合调整，在施工前将错误避免，重新输出机电管线综合图、机电专业施工深化图、结构预留洞图和相关专业配合条件图等。

管线综合布置完成后应对系统参数进行复核，复核的参数包括水泵扬程及流量、风机风压及风量、管线截面尺寸、支架受力、冷热负荷、灯光照度等。

交付成果应包括：机电深化设计模型、碰撞检测分析报告、工程量清单、机电深化设计图、预留洞图等，其中机电深化设计图应包括内容见表 4.2-2。

机电深化设计图所包括的内容范例　　　　　　　　　　　表 4.2-2

序号	名称	内容
1	管线综合图	图纸目录、设计说明、综合管线平面图、综合管线剖面图、区域净空图、综合天花图
2	综合预留预埋图	图纸目录、建筑结构一次留洞图、二次砌筑留洞图、电气管线预埋图
3	设备运输路线及相关专业配合条件图	图纸目录、设备运输路线图、相关专业配合条件图
4	机电专业施工图	图纸目录、设计说明、各专业深化施工图
5	局部详图、大样图	图纸目录、机房、管井、管廊、卫生间、厨房、支架、室外管井和沟槽详图、安装大样图

目前普遍使用的碰撞检测软件或云碰撞平台有欧特克公司的 Naviswork 软件、上海鲁班软件公司的鲁班云碰撞检测软件。Naviswork 软件在设计阶段应用比较普遍，鲁班云碰撞检测软件适合建造阶段多专业碰撞检测，鲁班云碰撞检测平台的优势在于可以基于网络共享多专业碰撞检测模型，项目管理人员可以随时随地将模型用于项目的可视化沟通、虚拟建造演示、可视化施工技术交底等工作。

4.2.3　BIM 技术进行施工方案模拟与优化的应用管理

基于 BIM 的 4D 施工动态管理系统，可实现 4D 施工过程管理。采用逐层级（专业、楼层、构件、工序四个层级）细化的方式形成进度计划，采用施工进度计划、实际进度填报信息及其与施工模型的关联，动态地显示，对比施工进度。可在构件属性中查看已编辑构件各时段的状态，并可随时暂停动态显示过程以供协调讨论使用。通过考虑各施工工序之间的逻辑关系以及进度计划，支撑施工顺序的模拟，并对不符合施工工序逻辑关系的进度计划进行预警提示。利用已有的施工工艺数据，以动态的形式展示复杂节点的施工工艺，解决复杂节点施工难以理解的问题。通过将包括人材机消耗量、综合单价等信息在内的建筑信息输入建筑信息模型中，更全面地发挥 BIM 技术的特点，结合 4D（时间流）、5D（时间流＋资金流）模式的应用，将设计效果予以最合理体现的同时为业主的投资呈现效益的最大化。

BIM 的 4D 应用体现在宏观和微观两个层面：

（1）宏观层面（进度模拟）：把 BIM 模型和进度计划软件（如 MS Project、P3 等）的数据集成，业主可以按月、周、天查看项目的施工进度并根据现场情况进行实时调整，分析不同施工方案的优劣，从而得到最佳施工方案。

（2）微观层面（可建性模拟）：对项目的重点或难点部分进行可建性模拟，按秒、分、时进行施工安装方案的分析优化。

借助 BIM 技术，在实际开始制造以前，统筹考虑设计、制造和安装的各种要求，把实际的制造安装过程通过 BIM 模型在电脑中先虚拟地做一遍，包括设计协调、制造模拟、安装模拟等，在投入制造安装前把可能遇到的问题提前解决在电脑的虚拟世界里。利用 BIM 技术进行施工方案模拟与优化的应用管理的具体表现如下：

1）在制造安装开始以后结合 RFID、智能手机、互联网、数控机床等技术和设备对制造安装过程进行信息跟踪和自动化生产，保障项目按照计划的工期、造价、质量顺利完成。

2）利用 BIM 技术提高专项施工方案的质量，使其更具有可建设性。通过 BIM 的软件平台，可以采用立体动画的方式，配合施工进度，精确地描述专项工程的概况、施工场地的情况，依据相关的法律法规和规范性文件、标准、图集、施工组织设计等模拟专项工程施工进度计划、劳动力计划、材料与设备计划等，找出专项施工方案的薄弱环节进行优化，有针对性地编制安全保障措施，使施工安全保证措施的制定更直观，更具有可操作性。

3）利用软件平台的动画功能，进行仿真精细化模拟。精确到秒的精细模拟；丰富的表现手段以表现动态过程中的各种状态，如静止、等待、移动、实施过程等。吊装过程中的动态碰撞侦测，标识出动态移动过程中发生碰撞的构件，确保了方案的可行性。BIM 的软件平台通过快速系统检查和数据整理功能，让项目经理找到最佳的专项施工方案。

4.2.4　BIM 模型与工程施工的协同管理与控制

所谓 BIM 模型（或者说虚拟模型、数字模型），它的核心不是模型本身（几何信息、可视化信息），而是存放在其中的专业信息（建筑、结构、机电、热工、声学、材料、价格、采购、规范、标准等），BIM 归根到底是信息，是存储信息的载体，是创建、管理和使用信息的过程。既然 BIM 的核心是信息，同样的信息在不同的项目阶段、不同的参与方会有不同的组织、管理和使用方法。

企业的施工管理是各种管理的集成，是多方面管理相辅相成的结果，只有全面做好各方组织协调工作，才能达到企业施工管理的优质水平。

实践证明，建设项目施工管理失败的主要原因之一是缺乏足够的信息沟通和共享。工程项目的成功建设依赖于项目参与各方的交流和协作。BIM 利用三维可视化的模型及庞大的数据库对工程施工的协同管理提供技术支持。在企业内部的组织协调管理工作中，通过 BIM 模型统计出来的工程量合理安排人员和物资，做到人尽其才，物尽其用；在企业对外的组织协调工作中，通过采用 BIM 的可视化模型为各方协同工作创造条件，通过协调会议的方式讨论现场可能出现的交叉情况，项目参与各方通过 BIM 的可视化模型进行信息交流，在一个协同工作的环境中，帮助项目参与各方统一建设目标，并对施工过程达成共识。

（1）基于 BIM 的现场整合应用：主要包括现场指导、现场校验和现场跟踪等几个方面。

1）现场指导：以 BIM 模型和 3D 施工图代替传统二维图纸指导现场施工，避免现场人员由于图纸误读引起施工出错。

2）现场校验：无论采取何种措施，现场出错的问题将永远存在，因此，如果能够在错误刚刚发生的时候发现并改正，对施工现场也具有非常大的意义和价值。

3）现场跟踪：利用激光扫描、GPS、移动通讯、RFID 和互联网等技术与项目的 BIM 模型进行整合，指导、记录、跟踪、分析作业现场的各类活动，除了保证施工期间不产生重大失误以外，同时也为项目运营维护准备了准确、直观的 BIM 数据库。

把 BIM 模型和施工或运营管理现场的需求整合起来，再结合互联网、移动通讯、RFID 等技术，形成 BIM 对现场活动的最大支持。

（2）基于 BIM 的造价管理：造价是工程建设项目管理的核心指标之一。造价管理依托于两个基本工作：工程量统计（QTO-Quantity Takeoff）和成本预算（Cost Estimation）。在 BIM 应用领域，造价管理又被称之为 BIM 的 5D 应用（3D 空间＋1D 时间＋1D 造价）。

利用 BIM 为所有项目参与方提供了一个大家都可以利用的工程项目公共信息数据库，各个参与方可以从项目 BIM 模型中得到构件和部件信息，完成一系列各自负责的任务，例如进度计划、精确采购计算、工程量统计、成本估算、多工程汇总分析、多算对比等。

基于 BIM 技术施工管理系统平台，将所有关联工程信息数据组织、存储起来，形成一个多维度结构化的工程数据库。BIM 数据管理系统平台服务器具有强大的计算能力，系统客户端可以通过互联网访问服务器，对模型数据进行任意条件的瞬时统计分析、海量工程数据快速搜索等。基于 BIM 的 5D 工程造价过程管控，实现三算对比、精确采购、限额领料和精确的资源计划等，为工程决策提供数据支持。

（3）基于 BIM 的数据库化的施工文档管理：管理系统集成对文件的搜索、浏览、定位功能，所有操作在基于四维可视化的界面中进行。文档内容包括：勘察报告、设计图纸、设计变更；会议记录、施工进度、质量、安全照片、签证及技术核定单；设备相关信息、各种施工安装记录；其他建筑技术和造价资料相关信息等。

通过及时准确的数据获取提高施工过程中审批、流转的速度，提高工作效率。无论是资料员、采购员、预算员、材料员、技术员等工程管理人员，还是企业级的管理人员都能通过信息化的智能终端和 BIM 协同管理平台后台数据联通，保证各种信息数据及时准确的调用、查阅、核对。终极目标实现无纸化施工档案交付。

5 BIM 的协同应用管理

5.1 设计阶段 BIM 模型协同工作

BIM 的出现正在改变项目参与各方的协作方式，使每个人都能提高生产效率并获得收益。在建筑设计领域，设计人员的工作模式正在由单机设计模型向协同设计模式转变。特别是随着 BIM 应用的推广，协同设计模式成为工程设计发展的必然趋势。在传统的设计模式下，各专业的设计人员之间通过"对图"实现设计工作的协同。在这种工作模式下，协同设计的需求也只是在文档管理的层面上。在基于 BIM 的设计模式下，不同的设计软件和系统之间需要频繁地进行数据交互和模型共享，这些工作需要靠基于网络的协同设计管理系统来实现的。不过相对于中国的建设大潮，基于 BIM 的多专业协同设计仍然处于初级阶段，相对于国外的发展，我国还有一段路要走。建设项目的 BIM 应用是一项集体"项目"，虽然从技术上达到相当程度并不难，但要贯彻到整个产业链，使 BIM 真正融入建筑师设计理念中，尚需时日。

5.1.1 设计阶段 BIM 模型协同管理的原理与方法

协同是 BIM 的核心概念。BIM 技术与协同设计技术将成为互相依赖、密不可分的整体。在建筑项目的设计过程中，需要包括建筑、结构、MEP（设备专业）等多个专业的相互协作。将不同专业的建筑信息模型链接，在设计成果方面不仅有利于建筑空间的利用，也可以优化管网的布置，给项目的施工、设备的安装乃至日后的维修业带来方便，节约材料，降低造价。BIM 技术的应用，将会改变目前协同设计线型的工作模式。取而代之的将是扩展到全生命周期的设计、施工、管理、运营、管理等各方面全面参与的，各个专业可以快速、准确协调和解决矛盾的快速、高效的工作模式。

(1) 设计阶段 BIM 模型协同管理的必要性

协同设计（Computer Support Cooperative Design）是指在计算机网络支持的环境下，由多成员共同完成一项设计任务的协同工作系统。协同设计一般具有群体性、并行性、动态性、异地性、异步性、协同性、开放性等特征。一个建筑项目的顺利实施需要多个专业之间的协作与配合，包括建筑设计、结构设计、MEP 设计等，每个专业都有各自的特点，如何将它们协同在一起，在同一个建筑项目中发挥各自的优势，实现最大效益，这是每个项目参与者都应当考虑的。基于 BIM 的多专业协同设计是建筑、结构、MEP 等各个专业在同一个工作平台下共享建筑项目信息模型并协同工作。不同专业人员使用各自的 BIM 模型，与建筑信息模型链接，并在与其同步后，将新创建或修改的信息自动添加到建筑信息模型中，通过碰撞检查，快速、及时、准确地发现碰撞和解决矛盾。随着信息时代的到来和 BIM 理念的提出，机遇与挑战并存，运用计算机技术辅助建筑设计是必然的趋势，如何协调各个专业之间的工作也是目前面临的问题。只有将先进的工具与良好的工作模式相结合，才能发挥 BIM 技术的最大优势，提高工作效率和设计团队竞争力。

另一方面，协同是共享信息、分析信息、完善信息的过程，包括设计各专业之间的协同、设计和施工等项目上下游企业之间的协同，还包括二维设计与三维设计之间的配合，甚至包括建筑全生命周期内的信息传递。在伴随绿色、节能概念的出现，人们对建筑的要求也在不断提高，现在一个项目设计不仅包含规划、建筑、结构、暖通、给水排水、电气、动力专业，还包含网架、钢结构、智能化、景观绿化等。当协同不再是简单的文件参照，那么利用平面二维设计来协同各专业越来越困难，只有运用三维协同设计才能更合理地解决相应问题。

（2）设计阶段 BIM 模型协同管理的原理

协同设计的真正含义是：首先在一个完整的组织机构中共同来完成一个项目，项目的信息和文档从一开始创建时起，就放置到共享平台上，被项目组的所有成员查看和利用。在设计阶段 BIM 的应用内容见表 5.1-1。从该表中可以看出，要想实现 BIM 模型信息的共享，很多的信息可以后续使用，因此，就必须将设计阶段的信息加以统一，并通过构建协同平台以实现协同管理的目的。

设计阶段 BIM 应用　　　　　　　　　　　　　　　　表 5.1-1

BIM 应用	应用内容描述
勘察设计 BIM 应用内容	勘察设计 BIM 应用价值分析
设计方案论证	设计方案比选与优化，提出性能、品质最优的方案
设计建模	三维模型展示与漫游体验，很直观； 建筑、结构、机电各专业协同建模； 参数化建模技术实现一处修改，相关联内容智能变更； 避免错、漏、碰、缺发生
能耗分析	通过 IFC 或 gbxml 格式输出能耗分析模型； 对建筑能耗进行计算、评估，进而开展能耗性能优化； 能耗分析结果存储在 BIM 模型或信息管理平台中，便于后续应用
结构分析	通过 IFC 或 Structure ModelCenter 数据计算模型； 开展抗震、抗风、抗火等结构性能设计； 结构计算结果存储在 BIM 模型或信息管理平台中，便于后续应用
光照分析	建筑、小区日照性能分析； 室内光源、采光、景观可视度分析； 光照计算结果存储在 BIM 模型或信息管理平台中，便于后续应用
设备分析	管道、通风、负荷等机电设计中的计算分析模型输出； 冷、热负荷计算分析； 舒适度模拟； 气流组织模拟； 设备分析结果存储在 BIM 模型或信息管理平台中，便于后续应用
绿色评估	通过 IFC 或 gbxml 格式输出绿色评估模型； 建筑绿色性能分析； 绿色分析结果存储在 BIM 模型或信息管理平台中，便于后续应用

BIM 应用	应用内容描述
工程量统计	BIM 模型输出土建、设备统计报表; 输出工程量统计,与概预算专业软件集成计算; 概预算分析结果存储在 BIM 模型或信息管理平台中,便于后续应用
其他性能分析	建筑表面参数化设计; 建筑曲面幕墙参数化分格、优化与统计
管线综合	各专业模型碰撞检测,提前发现错、漏、碰、缺等问题,减少施工中的返工和浪费
规范验证	BIM 模型与规范、经验相结合,实现智能化的设计,减少错误,提高设计便利性和效率
设计文件编制	从 BIM 模型中出二维图纸、计算书、统计表单,特别是详图和表达,可以提高施工图的出图效率,并能有效减少二维施工图中的错误

因此,设计阶段 BIM 模型协同管理的理论基础是协同设计理论,它不是简单的设计发明或创造,而是综合协同学、社会学、管理学、计算机科学、信息学的有关知识,特别是集成了现代设计中许多新方法、新技术、新思想、新模式,经过系统的抽象发展形成的。需要特别指出,协同设计不同于一般意义上的"合作设计",而是在信息化社会中以人们协同工作方式为背景、以计算机和通信技术为基础,体现人们新型生活方式和劳动方式所具有的群体性、交互性、分布性和协作性特点的设计。

设计阶段基于 BIM 的多专业协同管理理论要求设计时考虑建筑全生命周期设计和整体设计,体现了"可持续发展"的思想,有助于建筑人员重新审视建筑、结构、MEP 等专业的关系。因此,协同设计理论既有对设计活动本质的研究,也有设计方法哲学的探讨,是进行建筑协同设计研究的理论基础。

在建筑工程领域,三维的协同化设计分为传统的三维协同化设计和基于 BIM 的三维协同化设计,二者的区别见表 5.1-2。传统的三维协同化设计在基于二维工程图纸的传统设计方法(以下简称"传统设计")中已经有所应用。各专业所设计的图纸之间发生冲突后,通过协调会等形式互相提条件修改,修改后委托效果图公司将二维模型翻成三维模型,在此基础上承包方提出修改意见,修改后的施工图经由施工企业进行施工,施工中遇到问题需要施工企业和设计单位进行协调。其是以计算机辅助绘图软件的外部参照功能为基础的文件级协同,是一种文件定期更新的阶段性协同模式。而基于 BIM 的三维协同化设计是指项目成员在同一个环境下用同一套标准来完成同一个设计项目。设计过程中,各专业并行设计,基于三维模型的沟通及时并且准确。BIM 技术的发展为三维协同设计提供了技术支撑。未来的协同设计,将不再是单纯意义上的设计交流、组织和管理手段,它将与 BIM 融合,成为设计手段本身的一部分,即基于 BIM 的协同化设计。

BIM 三维建筑设计和传统三维建筑设计的区别　　　　　　　　表 5.1-2

内容	传统三维建筑设计	BIM 三维建筑设计
设计功能	效果图和虚拟现实	效果图、虚拟现实、设计、管理、分析等
参数化模型	无	有
与二维设计图纸关系	二维设计的附属品	对应关系,可以实现"一处修改、处处更新"

(3) 设计阶段的 BIM 模型协同管理方法

在以 Revit 为代表的许多 BIM 软件中的工作共享是指可以允许多名设计人员同时对同一个项目文件进行处理的协同设计方法。实现项目协同设计的核心是创建一个中心文件，中心文件存储所有工作集和图元的所有信息，工作组成员通过保存各自的中心文件的本地文件，编辑本地文件与中心文件同步，以便其他成员及时从文件中心获取更新信息。使用工作共享有两种方式：工作集模式和链接模式。

1）工作集模式

工作集模式是针对项目规模小的工程，建立一个 MEP 中心文件，给水排水、暖通、电气专业各自创建自己的本地文件，本地文件的数量根据实际情况而定。例如某建设项目里面给水排水系统项目文件有 4 个子项目文件，共享模式如图 5.1-1 所示。

工作集模式是一种数据级的实时协同设计模式，这种方式之间的信息传递是依靠工作集

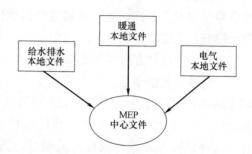

图 5.1-1　工作集模式的协同设计

来传递，工作集的作用相当于本地文件，是指图元的集合，每个工作集都有所有者。所有者在工作集里面可以对本专业构件的图元编辑，其他人想在所有者的工作集里面修改，需要向该所有者借用图元，可以将一个项目划分为多个工作集，不同的设计师负责各自所有的工作集。各专业通过网上邻居找到设置好的中心文件，然后打开工作集对话框，找到自己的工作集，使用另存为保存中心文件的副本在本地的计算机上面，各专业只对副本进行操作，点击"保存到中心"以后，才会把最新的设计上传到中心文件。

① 工作集优点。

A. 方便编辑。将整个项目划分到每个工作集里，就可以编辑项目的所有部分。大型项目不可能由一个人独立完成，采用工作集的模式就可以解决多个人同时为一个项目工作的问题。各专业的众多设计师都可以基于一个共同的模型展开工作，工作集划分灵活。比如建筑师可将室外环境、建筑空间、建筑外墙、楼梯、装饰等分在不同的工作集里。

B. 协同性强。团队成员随时上传自己的工作信息至中心文件，其他成员便能直接看到建筑物的即时状态，相互之间的配合变得轻松，使项目设计团队减少协调成本，提高工作效率。

② 工作集缺点。

A. 用户操作复杂。工作集需要设置的选项比较多，对设置的不熟悉或者疏忽造成点错选项。

B. 工作集权限。团队里的每个设计者都有一个工作集，拥有这个工作集的编辑权限。如果没有习惯这种工作集操作释放了工作权限，工作集里的对象就可能被其他设计者删除或者更改，但是如果保留的图元编辑权限过多，就会忙于应付其他设计者的编辑请求，编辑权限的度很难把握。

C. 工作集同步等待时间长。在协同设计时，经常需要与本地文件和中心文件同步，我们发现存储到本地文件比较方便，但是存储到中心文件，与中心文件同步就明显很慢。特别是几个人同时存入中心文件时更加明显。

因此，对于利用 Revit 工作集协同设计适合项目规模小的工程，不同专业之间避免使用工作集。因为这样导致中心文件非常大，使得建模过程中运行反应速度慢。建议使用另外一种方式链接模型来实现协同工作。在共享的时候要养成与中心文件同步的好习惯，尽量释放所有者权限，避免别人经常向你借图元，带来不必要的时间浪费。

2）链接模式

链接模式是针对规模大的工程，水暖电分别建立自己的中心文件，然后再通过链接软件功能进行协调，如图 5.1-2 所示。

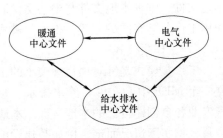

图 5.1-2 链接模式的协同设计

这种协同设计方式通过建立各自的专业模型实现，这些专业模型是独立的，各专业中心文件同步的速度相对较快，如果需要做管线综合，可以将三个专业的中心文件互相链接成一个文件。这种链接方式适合规模大的项目，既适合建筑、结构、水暖电之间的链接，同时也适用于各设备专业（给水排水、暖通、电气）之间。链接模式的操作方式与外部参照十分类似，是最接近传统协同设计模式的三维协同设计模式。链接模型只是作为可视化和空间定位参考，设计人员不能对其进行编辑，所以很少占用硬件和软件资源，性能较高。

① 链接模式的优点。

A. 工作性能稳定。在各专业模型或者各项目拆分部分之间模型的链接过程中不会出现数据丢失的问题。性能比工作集模式稳定。

B. 运行速度快。由于只是把模型相当于作为一个"块"来参照，采用相应的软硬件配置的前提下，在链接其他模型后，工作时计算机的运行速度还是比较流畅的。

C. 异地数据转移方便。当项目工作地点发生过多次的变化，包括到项目所在地进行现场建模，共享文件夹时通过复制就实现了。

D. 团队成员使用方便。对比工作集模式，链接模式不存在工作集的权限问题，只需要设置成员的访问服务器权限就可以展开工作，项目团队人员使用都比较方便。

② 链接模式的缺点。

A. 协同性弱。由于建筑、结构、暖通、给水排水等专业各自为一个模型，该链接模式最大的缺点就是信息是单方向的更新，单个的模型文件不能及时反馈到其他的模型中来。因此，与工作集模式相比，链接模式的各专业的协调度不够好，信息还需要人工的传递，需要所有专业配合，各专业人员要达成一个共识。

B. 模型的最终整合和出图存在缺陷。在最终整合的时候，各专业的文件导入到建筑模型中绑定并解组，最终整合成一个包含建筑全部内容的综合模型。该过程中会出现一些模型无法绑定到建筑模型中的情况。在出图方面，出图只能在最终的整合文件中出图，导致最终整合的文件特别庞大，增加电脑硬件配置的负担，运行速度会受很大的影响。

比较这两种协同模式（表 5.1-3），二者最根本的区别在于：工作集模式允许多名设计人员同时编辑相同模型；而链接模式是独享模型，当某个模型被打开编辑时，其他人只能读取而不能修改。

工作方式内容	工作集模式	链接模式
项目文件	一个中心文件,多个本地文件	主文件与一个或多个文件链接
同步	双向、同步更新	单向同步
项目其他成员构件	通过借用后编辑	不可以
工作模板文件	同一模板	可采用不同模板
性能	大模型时速度慢,对硬件要求高	大模型时速度相对较快
稳定性	目前版本在跨专业协同时不稳定	稳定
权限管理	需要完善的工作机制	简单
适用范围	专业内部协同,单体内部协同	专业之间协同,各单体之间协同

5.1.2　设计阶段 BIM 模型协同管理的组织与流程设计

在工程建设领域,随着信息技术的发展,BIM 设计方法最终会应用在建筑设计的全过程中。本节所提出的设计阶段的 BIM 模型的协同管理不同于传统意义上的二维协作设计,协同化设计的组织与流程也与目前绝大多数设计单位先完成二维施工图,再根据施工图建立 BIM 模型的做法截然不同,是建筑设计者直接利用 BIM 核心建模软件进行协同化设计,并基于 BIM 模型输出设计成果的组织与流程。

(1) 设计阶段 BIM 模型协同管理的组织与流程

具体的组织与流程设计如下:

1) 定义 BIM 模型实施的目标和应用

BIM 目标是项目实施 BIM 的核心。BIM 目标可以分为项目型 BIM 目标和企业级 BIM 目标。前者是完成特定合同或协议的 BIM 要求,关注于技术的实现和突破;后者是依托 BIM 技术实现企业的长期战略规划,关注于企业整体的资源整合、流程再造和价值提升。BIM 应用是实现 BIM 目标的方法,美国 BIM 项目实施计划指南将 BIM 应用分为25 种。在设计阶段常用的有:设计方案论证、设计建模、能量分析和 3D 协调。

2) 编制企业级 BIM 协同设计手册

设计项目采用 BIM 技术之前需要编制企业级 BIM 协同设计手册已经成为业内共识。目前,BIM 的国家标准正在编制过程中,地方标准也在陆续发布征求意见稿。企业可参照这些规范和标准结合自身情况编制自己的企业 BIM 导则,指导生产实际。

企业级 BIM 协同设计手册主要内容应包括 BIM 项目执行计划模版、BIM 项目协同工作标准、数据互用性标准、数据划分标准、建模方法标准、文件夹结构及命名规则、显示样式标准等内容,见表 5.1-4。

企业级 BIM 协同设计手册所包含的内容　　表 5.1-4

章节	主要内容	作用
BIM 项目执行计划模板	项目信息;项目目标;协同工作模式;项目资源需求	帮助 BIM 项目的负责人快速确认项目信息,确立项目目标,选用协同工作标准并明确项目资源需求

章节	主要内容	作用
BIM 项目协同工作标准	针对不同项目类型可选用的协同工作流程以及流程中各阶段的具体工作内容和要求;各专业间设计冲突的记录方式和解决机制;数据检验方法	规定协同工作流程,确立数据检验及专业间协调机制,保障各专业并行设计工作顺利进行
数据互用性标准	设计过程汇总可采用的 BIM 核心建模软件平台、协同平台和专业软件等;软件版本要求	明确适用于不同项目类型的 BIM 相关软件。明确核心建模软件与专业分析设计软件之间的数据传输准则,保证 BIM 设计的畅通
数据划分标准	项目划分的准则和要求;各专业内和专业间的分工原则和方法	确保项目工作的合理分解,为项目进度计划的制定以及后期产值分配提供重要依据
建模方法标准	不同项目类型以及不同项目阶段的 BIM 模型深度细节的要求;标准建模操作	规定建模深度,避免深度不够导致的信息不足,或细节过高导致的创建效率低下;规范建模操作,避免模型传递过程中信息丢失
文件夹结构及命名规则	文件夹命名规则;文件命名规则;文件存储和归档规则	建立项目数据的共享、查找、归档机制,方便协同工作进行
显示样式标准	一般显示规则;模型样式;贴图样式;注释样式;文字样式;线型线宽;填充样式	形成统一的 BIM 设计成果表达样式

3）BIM 项目执行计划

企业承接 BIM 设计项目后,首先要做的就是针对该项目制定出 BIM 项目的执行计划。由于 BIM 设计的工作要求较高,所需资源也较多,BIM 设计团队必须充分考虑自身情况,对项目实施过程中可能遇到的困难进行预判,严格规定协同工作的具体内容,才能保证项目的顺利完成。在一个典型的 BIM 项目执行计划书中,应包含项目信息、项目目标、协同工作模式以及项目资源需求,见表 5.1-5。

BIM 项目执行计划所包含的内容 表 5.1-5

章节内容	主要内容
项目信息	项目描述、项目特殊性、项目阶段划分、项目主要负责人、项目参与人
项目目标	项目 BIM 目标、阶段性目标、项目会议日期、项目会审日期
协同工作模式	BIM 规范、软件平台、模型标准、数据生效协议、数据交互协议
项目资源需求	专家、共享数据平台、硬件需求、软件需求、项目特殊需求

4）组建项目工作团队

① 组织架构。

BIM 设计团队由三大类角色组成,即 BIM 项目经理、BIM 设计师（各专业负责人）和 BIM 协调员。设计阶段 BIM 协同工作组织架构如图 5.1-3 所示。

BIM 项目团队中最重要的角色是 BIM 经理。BIM 经理负责和 BIM 项目的委托者沟通,能够充分领会其意图的同时,还要对现阶段 BIM 技术的能力范围有充分的了解,从

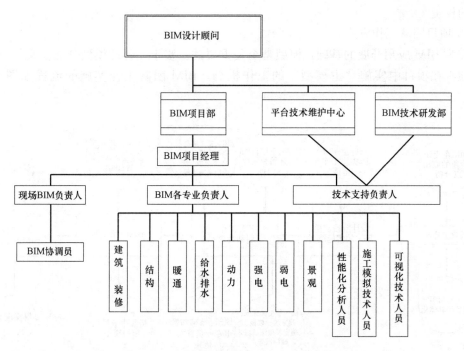

图 5.1-3　设计阶段 BIM 协同工作组织架构

而可以明确地告知委托者能在多大程度上满足其要求。BIM 经理还负责制定项目的具体执行计划、选用企业的工作流程和相关标准、管理项目团队、监督执行计划的实施等。这些责任要求 BIM 经理必须具备丰富的工程经验，了解建筑项目从设计到施工各个环节的运转方式和 BIM 项目委托者的需求，熟悉 BIM 技术，还要在一定程度上懂得设计项目管理。

除了 BIM 经理，BIM 项目团队通常要配齐各专业经验丰富的设计师和工程师，并且要求他们熟练掌握 BIM 相关软件，或者为他们配备能熟练掌握 BIM 软件的 BIM 建模员。BIM 协同化设计先行者 Randy Deutsch 指出，应当要求项目团队中的建筑工程专家指导团队中建模的年轻人，并在 BIM 协同化设计中"肩并肩"地一同工作。BIM 设计的趋势是一线设计人员直接操作 BIM 软件，通过使用 BIM 来展示自己的设计思路和成果。所以，要求建模员不断提高专业水平并积累项目经验，成长为设计师或工程师。要求设计师和工程师熟练掌握 BIM 软件，这是大势所趋。

BIM 协调员是介于 BIM 经理和 BIM 设计师之间的衔接角色。负责协同平台的搭建，在平台上把 BIM 经理的管理意图通过 BIM 技术实现，负责软件和规范的培训、BIM 模型构件库管理、模型审查、冲突协调等工作。BIM 协调员还应协助 BIM 经理制定 BIM 执行计划，监督工作流程的实施，并协调整个项目团队的软硬件需求。

上述三大类角色的权责在具体的 BIM 项目中可能会进一步细分。例如，BIM 经理可能会分为商务经理和项目经理，前者主要负责和委托者接洽沟通，后者主要负责领导和管理项目团队；BIM 设计师一般按照建筑设计的专业划分为建筑 BIM 设计师、结构 BIM 设计师、MEP BIM 设计师、幕墙 BIM 设计师等；BIM 协调员可能会分为 BIM 构件库管理员、协同平台管理员以及冲突协调员等；BIM 项目负责人可根据项目需要灵活分配每种角色的权责。

② 项目团队工作方式。

作为 BIM 应用开展的基础，模型是至关重要的。鉴于完善的模型分类及文件组织标准，通常在项目中实施"主模型"的工作机制。BIM 团队工作实施的流程如图 5.1-4 所示。

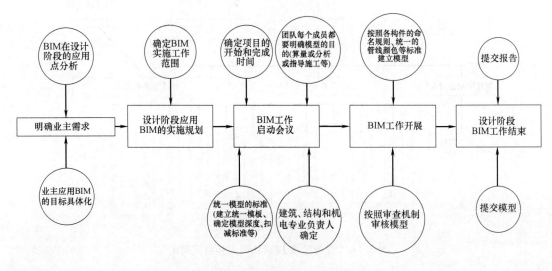

图 5.1-4 BIM 团队工作实施流程

在团队协同过程中，模型根据不同业态、不同区域、不同楼层、不同专业、不同构件类别进行拆分，通常为 Revit 文件、FBX 文件、AutoCAD 文件及其他各种通用模型格式，它们通过文件组织关系组合成单体模型并用 NWC 保存，NWC 之间组成项目的整体模型。这样做的目的是保证 Revit 等文件一有更新，链接的 NWC 将自动更新，保证主模型的准确、有效、及时性，同时，工程师只要进行模型局部修改即可完成模型更新工作。

5）工作分解

这个阶段的主要工作是预估具体设计工作的工作量，并分配给不同项目成员。例如，建筑、结构专业可按楼层划分；MEP 专业可按楼层划分，也可按系统划分。划分好具体工作，可作为制订项目进度计划以及后期产值分配的重要依据。

6）建立协同工作平台

为保证各专业内和专业间 BIM 模型的无缝衔接和及时沟通，BIM 项目需要在一个统一的平台上完成。协同工作平台应具备的基本功能是信息管理和人员管理。

① 信息管理最重要的一个方面是信息的共享。所有项目相关信息应统一放在一个平台上管理使用。设计规范、任务书、图纸、文字说明等文件应当能够被有权限的项目参与人很方便地调用。BIM 设计传输的数据量比传统设计大很多，通常一个 BIM 模型文件有几百兆，如果没有一个统一的平台承载信息，设计的效率会非常低。信息管理的另一方面是信息安全。BIM 项目中很多信息是企业的核心技术，这些信息的外传会损害企业的核心竞争力。如 BIM 构件库这类需要专人花费大量时间和精力才能不断完善的技术成果，不能随意被复制给其他公司使用。既要信息共享，又要信息安全，这对协同平台的建立提出了较高的要求。

② 在人员管理上，要做到每个项目的参与人登录协同平台时都应进行身份认证，这个身份与其权限、操作记录等挂钩。通过协同平台，管理者应能够方便地控制每个项目参与者的权力和职责，监控其正在进行的操作，并可查看其操作的历史记录。从而实现对项目参与者的管控，保障 BIM 项目的顺利实施。

③ 构建协同工作平台的注意事项。

A. 结合业务、技术、管理等实际需求搭建项目 BIM 协同平台，平台应具有良好的兼容性，实现数据和信息的有效共享。

B. 在数据共享之前应对数据进行审批和确认。

C. 宜使用对照表确认项目的核对进程，并提供查验清单作为制作模型文件的指导。

D. 应有条理地组织协同平台中的项目数据，有助于识别、定位并有效使用所需要的信息。

E. 必须采取必要的数据安全措施，并制定安全协议，满足组织安全需求，为各参与方访问信息提供安全保障。

7）BIM 项目实施

前述工作基本都是为项目的执行作准备，准备工作多也是 BIM 项目的特点之一。BIM 项目具体实施时，项目参与者要各司其职，建模、沟通、协调、修改，最终完成 BIM 模型。BIM 模型的建立过程应根据其细化程度分阶段完成。例如：北京地方标准（2013）把 BIM 模型深度划分为"几何信息"和"非几何信息"两个信息维度，每个信息维度划分出五个等级区间。不同等级的 BIM 模型用在不同的设计阶段输出成果，完成了符合委托者要求的 BIM 模型之后，可基于该 BIM 模型输出二维图纸、效果图、三维电子文档和漫游动画等设计成果。

(2) 基于 BIM 的协同化设计实施过程中存在的障碍及解决方法

技术和管理等各个方面的困难普遍存在于 BIM 技术在工程项目的实际应用中，而基于 BIM 的协同化设计实施过程中的困难仅是其中一部分。在技术方面最突出的问题是软件工具功能的局限；在管理方面的主要问题是设计者和管理者对新的工作流程和方法的抵触。具体如下：

1）软件工具功能的局限

在我国，绝大多数 BIM 设计项目的参与者都曾指出 BIM 相关软件的一些功能不能满足工程需要，主要表现为：一是不能直接从 BIM 模型输出满足我国规范要求的二维工程图，二是 BIM 相关软件之间的信息流转不通畅。这两个问题也是目前基于 BIM 的协同化设计流程实施在技术上的最大阻碍。

① BIM 模型出图问题。

尽管主流的 BIM 核心建模软件全部能够根据 BIM 模型输出二维图纸，但这些软件全部都是国外产品，因此，其出图的思路、图纸表达方式和可实现的图纸细节通常与我国规范要求的工程图不符，导致即使包含大量信息的 BIM 模型往往也不能直接输出完全合规的工程图。所以，设计项目团队还需要对 BIM 模型输出的二维图进行二次加工，无法完全实现 BIM 模型与图纸的联动。

为了解决 BIM 模型出图的问题，一些软件公司和设计单位在进行相关的软件开发工作，这些工作包括基于 BIM 核心建模软件出图功能的二次开发和独立的出图软件的开发。

随着 BIM 软件使用者人数的增加和水平的提高，对出图功能的新需求不断出现，在这种快速增长的市场需求下，软件开发者的开发力度也在逐年加大，从 BIM 模型直接输出的二维图纸正在逐渐趋于满足我国规范的要求。一线设计者在二次加工输出图纸上耗费的时间必然会越来越少。

另一方面，BIM 技术正在使全行业信息传递方式发生转变。当建筑工程各个环节的参与者都能够很好地掌握相关 BIM 技术，工作中信息的传递主要以 BIM 模型为主，二维图纸仅作为辅助参考时，监管部门必然会推行新的监管政策和法律法规。届时，对 BIM 模型的深度加工会成为设计者的主要工作，而二维图纸作为 BIM 模型的副产品，不会再消耗太多时间。

② 软件间信息流转问题。

必须明确，不存在一款软件能够满足 BIM 设计项目中的所有功能。为了避免二次建模这类重复劳动，确保不同软件间的信息流转顺畅是 BIM 协同化设计的必要条件。然而，目前几乎所有跨软件平台的模型导入或导出都会造成信息的丢失，这严重阻碍了 BIM 协同化设计的效率。

与 BIM 模型出图一样，解决软件间信息流转问题的市场需求也是巨大的，有些新兴软件厂商为了抢占市场份额，正在不断开发各类 BIM 软件和专业软件之间的接口，以满足市场需求，为广大设计者提高工作效率，节省时间。但就目前的情况而言，短期内还无法保证 BIM 协同化设计的全过程信息流转顺畅。所以，BIM 设计在局部项目、局部专业、局部过程的应用将成为未来过渡期内的一种常态。

2）设计者对 BIM 设计的抵触

设计师总是倾向于采用自己最熟悉的工具来表达自己的设计思想。由于传统设计方法已经实行了相当长的时间，况且建筑信息的三维显示方法与二维相比，也存在一定短处，例如，显示中会存在一定盲区。再加上我国建筑设计工作者往往工作任务繁重，工作压力很大，所以一线设计师和工程师或多或少都会面临设计思维和设计方法转型困难的问题。即使有一部分人积极主动地学习 BIM 技术，但学习应用 BIM 软件的过程中不可避免地会在一段时间内影响到个人及部门利益，并且一般情况下设计师无法获得相关的利益补偿，最终还是会影响其积极性。

为解决一线设计者对 BIM 技术抵触的问题，一些企业专门设立部门或团队培养掌握 BIM 技术的设计人才。使学习、研究和掌握 BIM 技术成为其主要工作，避免了对 BIM 技术的抵触问题。待这些人才技术成熟后，再将其分派到各个部门，从而带动全员 BIM 技术水平提升。另一方面，设计企业可以建立有设计经验的设计师和掌握 BIM 技术的建模员在工作中相互配合、相互学习、共同进步的激励机制，共同成长为熟练掌握 BIM 技术的设计者。

3）项目管理者对 BIM 设计的抵触

虽然设计企业从传统设计向 BIM 设计转型所需的短期成本较高，但对于相当一部分企业来说，可预见并可控的成本增加并不是阻碍转型的主要问题。转型的真正阻力是采用 BIM 技术导致的设计手段和管理模式的同时转变带来的项目失败风险。所以有相当一部分项目管理者对基于 BIM 的协同化设计方法持抵触态度。在欧美建筑工程领域，有许多工程案例表明采用 BIM 设计能够提高效率，增加设计企业收益。然而，不同国家的建筑工程行业情况不同：欧美国家建筑设计周期长，软件功能更符合其国家规范和使用习惯；而我国情况不同，建筑设计项目普遍设计周期短，工期紧张，并且软件本土化程度不够。

在 BIM 这个大潮流中，风险与机遇并存，设计企业不进则退。越来越多的业主和总承包单位都要求设计单位采用 BIM 技术。为了提高 BIM 设计的效率，协同化设计又必不可少。所以从传统设计方法到基于 BIM 的协同化设计方法的转变不可逆转。管理者必须不断学习 BIM 协同化设计先行者的经验，吸取其教训。先小范围探索尝试，逐步解决问题，改进管理手段，最终建立适合于企业自身情况的 B1M 协同化设计方法和流程。

5.1.3　设计单位企业级 BIM 模型协同平台的构建

BIM 技术的目标是建筑全生命周期过程中的协同工作，在设计单位，只有构建基于 BIM 的协同管理平台，才能真正实现设计单位各部门各专业设计人员对建筑信息模型的共享与转换，从而实现真正意义上的协同工作。针对建设项目的设计协调，如以 BIM 为基础的协同平台为中心，所有的设计信息都将存储在协同平台中，且设计以三维可视化形式进行展示，这样信息的传递效率和质量都将提升，设计总控方对各单体设计方的协调管理更加方便，只需查看协同平台所有信息，并根据协同平台的信息进行沟通协调，如图5.1-5 所示。值得注意的是：这样基于 BIM 的设计管理并非以某一管理团队为中心，而是设计单位基于 BIM 企业级的协同管理平台进行设计管理。

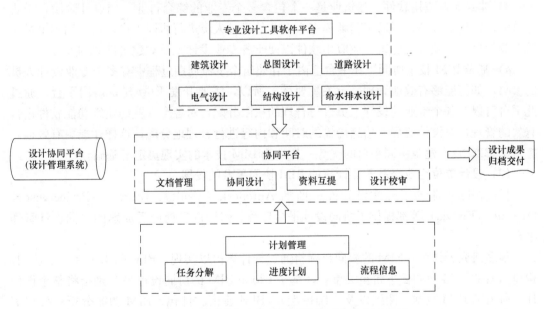

图 5.1-5　设计单位企业级协同管理平台的主要内容

（1）基于 BIM 的设计单位企业级协同平台的功能的基本要求

要针对 BIM 模型数据形成一套有效的数据管理和利用的解决方案，首先必须搞清楚 BIM 协同设计平台的功能要求，见表 5.1-6。

1）建筑模型信息存储功能。建筑领域中各部门各专业设计人员协同工作的基础是建筑信息模型的共享与转换，这也是 BIM 技术实现的核心基础。所以，基于 BIM 技术建筑协同平台应具备良好的存储功能。在当前信息技术的应用中，以数据库存储技术的发展最为成熟、应用最为广泛，并且数据库具有存储容量大、信息输入输出和查询效率高、易于共享等优点，所以 BIM 协同平台应采用 IFC 标准构建的 BIM 建筑信息模型数据库，同时此数据库可以对多个项目的工程信息进行集中存储。

BIM 协同设计平台的功能与目的

表 5.1-6

BIM 协同设计平台的功能	目的
在线浏览 3D 模型	保证数据的共享
在线浏览模型中智能提取的数据	
图纸和工程文件的获取	方便变更和改进
文件和工程资料的发布空间或平台	
设置数据浏览权限	保证数据的安全性

2) 图形编辑平台。在基于 BIM 技术建筑协同平台上，各个专业的设计人员需要对 BIM 数据库中的建筑信息模型进行编辑、转换、共享等操作，这就需要在 BIM 数据库的基础上，构建图形编辑平台，对 BIM 数据库中的建筑信息模型进行更直观的显示，专业设计人员可以通过它对 BIM 数据库内的建筑信息模型进行相应的操作。而且，存储整个城市建筑信息模型的 BIM 数据库可与 GIS（Geographic Information System，地理信息系统）、交通信息等相结合，利用图形编辑平台进行显示，对实现数字城市具有重要意义。

3) 建筑专业应用软件。建筑业是一个包含多个专业的综合行业，如设计阶段，需要建筑师、结构工程师、暖通工程师等多个专业的设计人员进行协同工作，需要用到大量建筑专业软件，必须开发建筑专业应用软件以便于各专业设计人员对建筑性能的设计。

4) 基于 BIM 技术协同工作平台。由于在建筑全生命周期过程中有多个专业设计人员的参与，如何能够有效地管理是至关重要的。所以，需要开发 BIM 建筑协同平台，通过此平台可以对各个专业的设计人员进行合理的权限分配，对各个专业的建筑功能软件进行有效的管理，对设计流程、信息传输的时间和内容进行合理地分配，这样才能更有效地发挥基于 BIM 技术建筑协同平台的优势。从而为 BIM 技术的实现奠定了基础。

（2）设计单位企业级基于云计算的 BIM 协同平台的发展

目前国际主流的工程建设软件厂商如 Autodesk（Vault）、Bentley（Projectwise）、Dassault（Enovia）等都提供了协同设计平台环境，但国内厂商尚无成熟的协同设计管理平台。

很多研究者认为，BIM 的协同目标将通过云计算得以实现，BIM 的未来在于云协同，构建高效的 BIM 协同云平台至关重要。基于 Cloud-BIM 的协同设计平台是指将整个设计任务所需的 BIM 数据（图纸以及三维模型）、BIM 建模软件包、BIM 功能分析软件包等均存储于云端，同时允许各设计参与人员随时接入云端，在同一云端平台上，使用云端上的数据及软件进行协同设计与分析。

1) 基于云计算的 BIM 协同平台的功能要求

协同设计平台主要功能包括：BIM 模型的建立、任务划分与设计协同、设计者权限管理、冲突检测与消解、知识管理及基于 BIM 的扩展功能分析等。其中协同设计平台的云端为各个客户端提供进行三维设计所需的软件、计算能力与储存能力，从而降低了客户端对于计算机硬件的需求，降低了进行协同设计所需的成本。整个云端基于数据库建立，按照功能可以将数据库分为模型数据库、知识数据库、决策信息库、图纸数据库四类，分别为平台的模型建立与修改、知识管理、协同设计与决策、导出图纸等活动提供相应的支持。

① BIM 建模模块：在该协同平台上，设计成果主要为云端 BIM 三维模型。三维模型中基本组成单元为图元，包括建筑构件、结构构件、机电设备等。

② 任务划分与设计协同模块：工程项目设计工作是多任务多执行者，任务的划分是协同设计的基础。工程项目设计任务按专业可以划分为建筑、结构、设备三大专业，在大专业之下是各小专业，在每个专业的设计任务中，根据需要按照空间区域和工作量来划分。同时，工程建设项目是持续性工作，各分部分项工程需要分阶段建造，因此也可以按照建造时间顺序来划分。

③ 设计者权限管理模块：设计者权限包括设计者对于其设计任务范围内的图元的创建与修改权限、对于其他设计任务相关边缘图元的修改权限以及对于模型整体的浏览与使用的权限。在基于 Cloud-BIM 协同设计平台中，各个设计人员需要对云端共享环境中的数据进行访问，良好的权限管理机制可以确保参与项目的设计人员权责分明、分工明确。

④ 冲突检测与消解模块：冲突检测与消解是协同设计平台研究的核心内容之一。分布式协同设计系统的冲突检测和消解过程，包含冲突从产生、协商到消解的整个过程，帮助设计者最后得到一个合理、优化的设计方案。

⑤ 知识管理模块：在工程项目设计过程中，会产生大量三维模型、图纸和文档等设计成果，协同设计过程中发生的碰撞冲突报告及冲突消解报告，以及遇到的困难及相应解决方法和经验教训等信息，可以统称为知识。协同设计平台知识管理模块中通常包含模型管理、工作流程记录、冲突报告及消解记录和设计成果管理等方面。

⑥ 基于 BIM 的扩展功能分析模块：基于同一 BIM 模型，结合云端相应软件，实现结构分析、能耗分析、光照分析等扩展功能。以 BIM 模型数据为底层数据库，各功能扩展软件提供相应的接口，实现基于云端 BIM 三维模型的扩展功能分析，并且实现各软件之间的相互转化以及无损数据相互转化。

2）几种有代表性的基于云计算的协同平台

① 移动端平台 BIMAnywhere。

BIManywhere 是由 Zimfly 公司开发的一个用于建筑和设备管理的可视化 BIM 协同平台。该平台可以简化跨团队沟通，改善操作流程，并在可能影响工程成本和进度的问题出现之前，对其进行管理。平台易于使用的解决方案可以让每个人获取到复杂的 BIM 信息。经过优化的移动 APP 可以帮助项目监管人、施工负责人以及设备工程师快速方便地读取信息。平台的 Web 应用程序为计算机浏览器打开了一个方便的入口，为项目经理提供便利的同时，BIM 专业人员也可通过利用协调软件为自己的工作带来便利。在实际项目BIM 模型应用中，BIMAnywhere 是基于云端的 BIM 移动终端，它支持用户随时随地访问存储在云端的 BIM 模型，并可以进行三维浏览、冲突分析、审阅批注，其他项目团队成员会在第一时间收到相关的通知推送。这让团队间的协作不受时间地域的影响，更快更有力地跟进项目进展，节省项目的设计周期。

② BIM 360 Glue。

BIM 360 Glue 是 Autodesk 推出的一个基于云计算的 BIM 管理和协作移动端产品，

连接整个项目团队和从施工前到施工过程的 BIM 项目流程。可随时随地获得最新的在整个项目生命周期中的项目模型和数据，BIM 360 Glue 也可以促进审查项目和解决协调问题，同时可以推进建设规划整个过程。

③ 模型协同平台 GTeam。

GTeam 是 Trimble 收购的一个基于云的文件管理和模型协同平台，它能使团队各成员通过 Web 浏览器协作和共享文档、文件和 3D 建筑信息数据。也就是说，只要打开浏览器就能查看项目相关的 Revit、犀牛、SketchUP、MicroStation、AutoCAD 模型，不光能浏览，还能三维旋转、点击查询模型信息。除了 Web 浏览器外，GTeam 还提供模型的自动更新同步功能。团队成员只要安装了同步客户端，就能实时更新模型，获取各专业当前的设计情况。

④ 项目管理协同平台 TeamBition。

TeamBition 是 2013 年成立的新公司，是一个高效而稳定的项目协作平台，基于云服务的协作化项目管理平台，用户可以通过任务板、分享墙、文件库等功能来实现项目知识的分享、沟通，项目任务的安排及进度监督，以及相关项目的文档存储和分享。比起其他的协作工具，如国外的 Trello、Asana，国内的明道、Tita 等，TeamBition 最大的特点就是：轻量化架构，小巧但功能实用齐全；优秀的本地化定制和网络传输；界面友好，操作人性化；支持多平台，随时随地跟进项目状况。

⑤ 某上市设计集团的 BIM 工程平台范例。

某设计集团 BIM 工程平台是项目群级的协调管理解决方案，是系列产品的核心产品。该产品能同时管理多个进行中的工程项目，在项目完成时保存为宝贵的项目数据库，为企业在后续项目中的大数据决策、分析企业级项目指标提供有力支撑。图形化的工作任务流能使工程参与方快速定制特定的工作流程，及时、全面、有效督促各工作环节进程，减少工作"卡壳"的现象；虚拟化应用借助云计算的能力，重量级软件支持云端打开，使企业减少硬件投入成本；所见即所得式的 BIM 协同审阅模式能使参与方直接备注、截图、发送邮件，所有审阅结果实时反映在 BIM 模型上；平台支持 PC 端、网页端、移动设备端，所有工程动态可随时把控。

(3) 基于 BIM 的设计单位企业级协同平台的构建内容

协同设计平台需要面对异构的网络环境、不同专业的用户需求、复杂的设计业务流程、众多的项目团队组织以及角色分工等问题。因此，在基于 BIM 的设计院企业级协同平台的建设中，该协同平台应是一个面向工程企业、基于先进的三级 B/S 器体系结构、运行于相应的网络操作系统上的工程信息内容管理系统。它使项目各方人员能够在分布于各地的站点间交换工程项目信息，以实现 BIM 应用的效率最大化，真正体现三维协同的意义。

1) 标准环境的搭建。基于 BIM 的三维协同的一大优势即为标准化，因此如何建立适应企业特点及 BIM 软件特点的项目工作环境是首先要解决的问题。设计单位可从实际出发，选择合适的 BIM 软件与协同平台无缝结合，力争体现 BIM 应用最大的优势，因此将制定好的标准环境与协同平台进行结合是第二步要进行的重要工作。主要包括：

① 确定设计单位 BIM 标准定制大纲。包括项目标准配置、各专业标准数据库、审核流程、出图规则、材料报表等。

进行项目标准框架的搭建，包括文件命名规则、种子文件、各专业图层、各专业分类、专业楼层管理器、界面定制、抽图文件夹的统一等。其中，在协同文件架构设计中，所有项目数据均应存放在标准的项目文件夹结构中，存储在网络服务器或文档管理系统中，标准模板、元素、图框、图块以及其他通用数据应保存于协同平台的资源库中，且应实施严格的访问权限管理。另外，项目中心资源库应按照软件与版本进行组织，各软件产品与版本、中心 BIM 资源库应保存在各自文件夹中。文件夹架构范例如图 5.1-6 所示，每个文件夹应做出具体明确的应用说明。

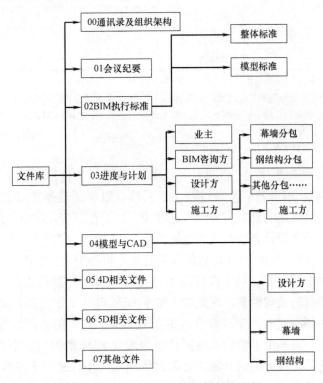

图 5.1-6　协同平台的文件夹架构范例

此外，还要制定文件命名标准，例如在"04 模型与 CAD"文件夹中，可以按照"［单体编号］-［专业分类］-［楼层/区域］-［日期］"的标准命名，例如：2014 年 11 月 29 日提交的 1♯栋所有楼层所有专业的模型：1♯-G-G-14/11/29，见表 5.1-7。

模型文件命名表（以 1♯为例）　　　　　　　　　　　　　　表 5.1-7

专业名称	专业简称	英语缩写	例
总链接	总	G	1♯-G-G-14-12-01
建筑	建	A	1♯-A-B1-14-12-21
结构	结	S	1♯-S-F1-15-02-05
给水排水	水	P	1♯-P-M-15-04-06
暖通	暖	M	1♯-M-F4-15-04-06
动力	动	D	1♯-D-F4-15-04-06
强电	电	E	1♯-E-F4-15-04-06

专业名称	专业简称	英语缩写	例
弱电	弱	T	1#-T-F4-15-04-06
如是机电整体	机电	MEP	1#-MEP-F4-15-04-06
室内	室	I	1#-I-F4-15-04-06
景观	景	L	1#-L-G-15-04-06
道路	路	R	1#-R-15-04-06
桥梁	桥	B	1#-B-15-04-06
市政给水排水	市水	W	1#-W-15-04-06
专业间链接	建筑和结构	&	1#-A&-S-G-15-04-06

注：1. 楼体编号为分别为1#、2#、3#；

2. 专业分类：各专业分类取指定代号，建筑-A、结构-S；如果是各专业的整合模型，则用 G 符号代替；

3. 楼层/区域名称分为：地下部用 B 表示，地上部分用 F 表示，夹层用 M 表示；如是地上＋地下的整体模型，则用 G 符号代替；

4.（区域）根据项目实际添加，用汉语添加。

② 企业数据库的初步建立。通过 ProjectWise 管理端工具将已通过测试的本地工作环境变量和 ProjectWise 服务器端文件进行关联对应，以保证服务器端工作环境准确无误。这样所有项目人员所使用的都是服务器上标准统一的工作环境，避免了以往二维设计中一千个设计人员有一千个设计表达样式的尴尬，使 BIM 设计表达更加严谨。

2）规划工作流程。根据 BIM 以后的发展趋势，贯穿于全生命周期的应用是它最大价值的体现。从小的方面来看，对于设计院本身而言，BIM 的过程协同即组织流程是否合理是它能否顺利推行的关键因素，因此对于整个 BIM 设计工作流程，如从初设-施工图设计-校审-出图-打印都需要有一个高效合理的实施方案。从大的方面来看，设计只是 BIM 流程中的一个环节，它和上下游的流通同样也是表现 BIM 价值的一个方面。因此设计模型有效的数据流转是直接影响到其能否直接提供给施工单位进行下一步 BIM 应用或提交业主进行相关运营管理的关键，从而使 BIM 应用在整个工程链中的利益分配和工作量分配更加合理，避免了重复劳动。协同设计的规划工作流程如图 5.1-7 所示，其中：在传统的设计-投标-建造（DBB）项目中应注重设计模型在施工阶段的重复使用，而在设计-建造（DB）项目的交付方式中应注重设计建造团队的一体性。除此之外，其他相应的工作流程还包括：

① 设计阶段交底审核流程：a. 发起设计交底审核任务；b. 设计单位提交设计产物；c. BIM 顾问和施工单位进行审核；d. 项目部审核；e. 最后提交建设单位负责人。

② BIM 应用成果验收流程：a. BIM 顾问发起 BIM 验收任务；b. 总包方执行任务；c. 三方进行审核；d. 最后项目部终审。

③ BIM 模型成果提交流程：a. 咨询顾问发起申请流程给总包；b. 总包安排各分包上传模型文件给总包；c. 总包将提交的模型文件给顾问进行审核；d. 最后项目部进行终审。

3）权限设定。基于 BIM 的协同平台通过对工作流程和状态的使用，可有效地控制项目参与的不同专业人员对不同专业模型的读写删权限以及项目进展的不同阶段对校核或审批权限进行管理。见表 5.1-8。

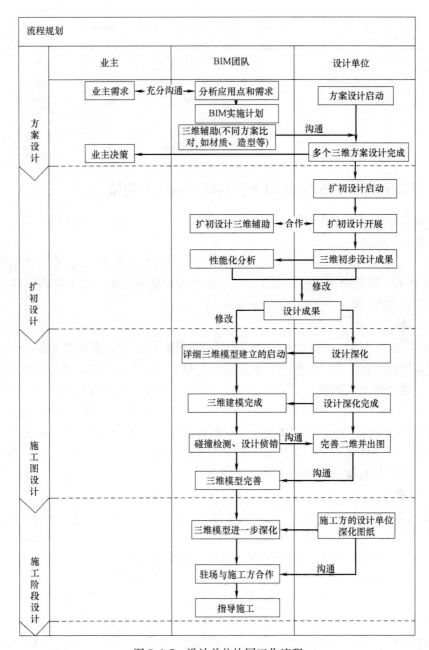

图 5.1-7　设计单位协同工作流程

文件查看及下载权限说明表　　　　　　　　　　　　　表 5.1-8

文件夹名称	查看及下载权限	上传文件责任方
00 通讯录及组织架构	所有各方	所有各方
01 会议纪要	所有各方	咨询方
02 BIM 执行标准	业主、咨询方	咨询方、软件供应商
03 进度与计划	所有各方	所有各方
04 模型与 CAD(设计方)	业主、咨询方、设计方、施工方	设计方

文件夹名称	查看及下载权限	上传文件责任方
04 模型与CAD(施工方)	业主、咨询方、设计方、施工方	施工方
04 模型与CAD(钢结构、幕墙等分包)	业主、咨询方、施工方	施工方
05 4D相关文件	业主、咨询方	咨询方
06 5D相关文件	业主、咨询方	咨询方
07 其他文件	根据实际情况制定	所有各方

5.1.4 设计阶段基于BIM协同平台与软件的基本类型

设计阶段基于BIM协同平台的软件基本包括：Revit、Tekla、CATIA等。

(1) Revit

Revit是Autodesk公司一套系列软件的名称。Revit系列软件是专为建筑信息模型(BIM)构建的，可帮助建筑设计师设计、建造和维护质量更好、能效更高的建筑。Revit是我国建筑业BIM体系中使用最广泛的软件之一。

(2) Tekla

Tekla是芬兰Tekla公司开发的钢结构详图设计软件，它是通过首先创建三维模型以后自动生成钢结构详图和各种报表。由于图纸与报表均以模型为准，而在三维模型中操纵者很容易发现构件之间连接有无错误，所以它保证了钢结构详图深化设计中构件之间的正确性。同时Xsteel自动生成的各种报表和接口文件（数控切割文件），可以服务（或在设备直接使用）于整个工程。它创建了新方式的信息管理和实时协作。Tekla公司在提供革新性和创造性的软件解决方案方面处于世界领先的地位。Tekla产品行销60多个国家和地区，在全世界拥有成千上万个用户。

(3) CATIA

CATIA是法国达索公司的产品，开发旗舰解决方案。作为PLM协同解决方案的一个重要组成部分，它可以帮助制造厂商设计他们未来的产品，并支持从项目前阶段、具体的设计、分析、模拟、组装到维护在内的全部工业设计流程。

(4) ArchiCAD

ArchiCAD是Graphisoft公司的旗舰产品，是BIM软件的始祖之一。基于全三维的模型设计，拥有剖/立面、设计图档、参数计算等自动生成功能，便捷的方案演示和图形渲染，为建筑师提供了一个强大的可视化图形设计工具。ArchiCAD完善的团队协作功能为大型项目的多组织、多成员协同设计提供了高效的工具，团队领导者可以根据不同区域、不同功能、不同建筑元素等属性将设计任务分解，而团队成员可以依据权限在一个共同的可视化项目环境里准确无误地完成协同工作；同时ArchiCAD创建的三维模型，通过IFC标准信息平台的讯息交换，可以为建筑设计、结构分析等提供强大的基础模型，为多方专业协同设计提供了有效的保障。

(5) Rhino

Rhino是由美国Robert McNeel公司于1998年推出的一款基于NURBS为主三维建模软件，它可以广泛地应用于三维动画制作、工业制造、科学研究以及机械设计等领域。

它能轻易整合 3DS MAX 与 Softimage 的模型功能部分，对要求精细、弹性与复杂的 3D NURBS 模型作用非常明显。能输出 obj、DXF、IGES、STL、3dm 等不同格式，并适用于几乎所有 3D 软件。它包含了所有的 NURBS 建模功能，常用它来建模，然后导出高精度模型给其他三维软件使用。

（6）Bentley AECOsim

Bentley 工程软件有限公司创立于美国宾州，是一顶尖的技术提供者，致力于改进建筑、道路、制造设施、公共设施和通讯网路等永久资产的创造与运作过程。Bentley 工程软件有 AECOsim Building Designer、MineCycle、OpenPlant 等 400 多款软件，让 Bentley 工程软件成为 E/C/O 市场（即工程、营建业和营运业）首屈一指的技术提供者。Bentley 的 BIM 套件为：AECOsim Building Designer。AECOsim 是 Architecture、Engineering、Construction、Operation、Simulate（建筑、工程、建造、运营、仿真）的缩写，包含建筑、结构、机械和电气四个模块。

（7）Bentley ProjectWise

ProjectWise 是由美国 Bentley 公司开发的一款协同平台，可满足您实现工程设计流程控制及图档管理的需求。ProjectWise 提供了一个流程化、标准化的生命周期的管理系统，确保项目的团队、信息按照工作流程一体化地协同工作过程。并且为工程项目内容的管理提供了一个集成的协同环境，可以精确有效地管理各种 A/E/C（Architecture/Engineer/Construction）文件内容，并通过良好的安全访问机制，使项目各个参与方在一个统一的平台上协同工作。这些应用程序组合在一起为用户提供了强大的系统管理、文件访问、查询、批注、信息扩充和项目信息及文档的迁移功能。ProjectWise 构建的工程项目团队协同工作系统，用于帮助团队提高质量、减少返工并确保项目按时完成。ProjectWise 在各种类型和规模的项目中都能够提高效率并降低成本，它是一套能够为内容管理、内容发布、项目审阅和资产生命周期管理提供集成解决方案的系统。

（8）Autodesk Navisworks

Autodesk Navisworks 是 Autodesk 出品的一个建筑工程管理软件套装，用于分析、仿真和项目信息交流，使用 Navisworks 能够帮助建筑、工程设计和施工团队加强对项目成果的控制。Autodesk Navisworks 软件包包含三个软件：

1）Manage 软件能够帮助设计和施工专家在施工前预测和避免潜在问题，多领域设计数据可整合进单一集成的项目模型，以供冲突管理和碰撞检测使用。

2）Simulate 软件具有四维仿真、动画和照片级效果图功能，使用户能够展示设计意图并仿真施工流程，从而加深设计理解并提高可预测性。实时漫游功能和审阅工具集能够提高项目团队之间的协作效率。

3）Freedom 软件是一款面向 NWD 和三维 DWF 文件的免费浏览器。Navisworks Freedom 使所有项目相关方都能够查看整体项目视图，从而提高沟通和协作效率。

（9）Autodesk Buzzsaw

Buzzsaw 是美国 Autodesk 公司的一款适用于工程项目各参与方管理人员的协同工作平台，可进行在线的项目管理和协同办公。能够实现存储项目资料，完成参与方的沟通交流，项目进展动态追踪等功能。使得管理者更加高效地管理所有工程项目信息，从而缩短项目周期，减少由于沟通不畅导致的错误，从而提高管理团队对项目管控能力。

（10）**Autodesk Ecotect Analysis**

Autodesk Ecotect Analysis 软件是一款可持续设计及分析工具，其中包含应用广泛的仿真和分析功能，能够提高现有建筑和新建筑设计的性能。能够将在线能效、水耗及碳排放分析功能与桌面工具相集成，能够可视化及仿真真实环境中的建筑性能。用户可以利用强大的三维表现功能进行交互式分析，模拟日照、阴影、发射和采光等因素对环境的影响。它可提供完全可视化的物理计算过程回馈。使用 ECOTECT 作前期的方案设计与最终确定方案保持一致。

（11）**Luban BIM Works**

鲁班多专业集成应用平台（BW）可以把建筑、结构、安装等各专业 BIM 模型进行集成应用。对多专业 BIM 模型进行空间碰撞检查，对因图纸造成的问题进行预警，第一时间发现和解决设计问题。有些管道由于技术参数原因禁止弯折，必须通过施工前的碰撞预警才能有效避免这类情况发生。实现可视化施工交底降低相关方的沟通成本，减少沟通错误，争取工期。

（12）**MagiCAD**

广联达 MagiCAD 软件是整个北欧及欧洲大陆地区领先的机电 BIM 软件，广泛应用于通风、采暖、给水排水、电气、喷洒系统和支吊架的设计与施工，是大众化的 BIM 解决方案。该软件包括风系统设计、水系统设计、喷洒系统设计、电气系统设计、电气回路系统设计、系统原理图设计、智能建模、舒适与能耗分析、管道综合支吊架设计模块。

5.2　施工阶段 BIM 模型协同工作

施工阶段 BIM 模型协同管理离不开基于 BIM 模型和互联网技术的软件系统和工具，构建基于 BIM 的项目协同管理系统平台是实现有效协同管理的必要条件。当前 BIM 技术的应用，已从单机软件的 BIM 应用逐步转移到基于 BIM 技术和网络协同工作的建筑协同平台的应用上。

BIM 的操作形式只有创建信息和使用信息两种（建模和用模），就目前国内建筑行业的实际情况来看，只有设计等少数参与人员办公相对集中的业务可能在局域网内协同完成，其他信息采集、使用、反馈和更新操作（无论是项目参与方、物业用户还是其他有关人员）都必须通过互联网才能实现。同时，互联网使能够利用 BIM 价值的人群数量有了成百倍、上千倍的扩大。

而建模和多专业模型整合是比较专业的工作，需要操作复杂的单机建模软件；而在基于 BIM 模型和网络协同工作技术基础上构建的协同管理平台上用模，则不需要操作建模软件，只需要操作系统客户端即可调取系统图形和数据或上传施工过程信息到 BIM 模型并与对应的构件、设备关联，操作简单易学。

5.2.1　施工阶段 BIM 模型协同管理的原理与方法

建筑施工是一项典型的协同工作，不同工种、不同职责的施工主体之间需要进行信息交流与共享。对施工过程进行高效的管理需要对现场信息（人、财、物、料等施工资源）进行实时采集与处理，并在此基础上进行施工决策与控制。而当前，在施工过程中不同施工主体之间形成的"信息孤岛"，不仅阻碍了信息的共享，而且还导致了施工过程中的实时信息不能及时、准确、高效地交互与融合。

（1）施工阶段 BIM 模型协同管理的原理

施工阶段 BIM 模型协同管理主要指的是基于 BIM 技术的"施工协同"，是指在施工之前，将施工方能够应用的 BIM 模型加入时间的维度、成本、质量等因素，对工程建设项目建造整体过程和局部过程进行模拟分析，发现整体与局部建造过程中不合理的施工组织计划，施工材料的供应可能出现的情况，项目的质量可能出现的问题，以及施工过程应该注意的可能发生的状况等，并针对相应的问题在施工前提出相应的应对方案，使制定的施工方案过程达到最优，从而达到施工阶段"三控"、"两管"、"一协调"的目的。再用来指导实际的项目施工，保证项目施工的顺利完成。同时，广义的"施工协同"还应包括设计施工协同，指在施工之前，设计方就要考虑到设计可能给施工带来的影响，同时施工方在施工前也要完全了解设计。表 5.2-1 展示了 BIM 模型在施工阶段的应用情况，从中可以看出广义"施工协同"的必要性。

施工阶段的 BIM 应用

表 5.2-1

BIM 应用	应用内容描述
工程施工 BIM 应用	工程施工 BIM 应用价值分析
支撑施工投标的 BIM 应用	3D 施工工况展示； 4D 虚拟建造
支撑施工管理和工艺改进的单项功能 BIM 应用	设计图纸审查和深化设计； 4D 虚拟建造，工程可建性模拟(样板对象)； 基于 BIM 的可视化技术讨论和简单协同； 施工方案论证、优化、展示以及技术交底； 工程量自动计算； 消除现场施工过程干扰或施工工艺冲突； 施工场地科学布置和管理； 有助于构配件预制生产、加工及安装
支撑项目、企业和行业管理集成与提升的综合 BIM 应用	4D 计划管理和进度监控； 施工方案验证和优化； 施工资源管理和协调； 施工预算和成本核算； 质量安全管理； 绿色施工； 总承包、分包管理协同工作平台； 施工企业服务功能和质量的拓展、提升
支撑基于模型的工程档案数字化和项目运维的 BIM 应用	施工资料数字化管理； 工程数字化交付、验收和竣工资料数字化归档； 业主项目运维服务

施工模拟是实现施工协同的核心内容，所谓施工模拟，是指基于虚拟现实技术，在计算机平台上提供一个虚拟的可视化的三维环境，按照施工组织对工程项目的施工过程先模

拟，然后根据模拟对施工顺序与施工方法进行调整与优化，从而得到最优的施工方案。在项目干系人之外，需要成立一个专门的施工模拟团队来进行施工模拟；或者由设计团队兼任。将施工模拟与基于 BIM 的建设工程项目协同设计平台相结合，就能实现分布式的施工模拟，在施工开始前与施工时将相关项目干系人集合到同一平台之上，延续协同设计，对施工活动进行管理和监督，使得施工模拟真正成为一个施工中协同与设计施工协同的平台。

施工阶段 BIM 模型协同管理的目标在于可以让所有项目相关方将项目作为一个整体来看，进而优化从设计决策、建筑实施、性能预测和规划直至设施管理和运营等各个环节。主要体现在以下几个方面：

1）三维施工模拟

通过 BIM 模型进行三维施工模拟，利用协同平台将施工模拟结果提供给各个项目干系人，为项目干系人提供一个交流沟通平台，并将各项目干系人反馈的问题与隐患传递给相应的参与方进行设计或施工方案修改，将修改后的信息传递给施工模拟模块，以得到更加完善的施工模拟成果。具体来说，将施工模拟中发现的设计问题如碰撞、设计中不利于施工以及可能带来安全隐患的方面等反馈给设计人员，在施工前就完善设计方案，尽可能减少施工中临时设计变更带来的各种问题；将施工模拟中发现的施工组织问题如施工方法选择不当、施工平面图布置不当以及施工顺序安排不当可能会带来安全隐患等反馈给施工组织编排人员，真正做到先模拟后施工，减少施工发生事故的风险。根据各方面反馈与修改，将修改后的参数导入到施工模拟运算模块，重新进行施工模拟运算，得到更新后的可视化的成果，并得出相应的资源使用情况汇总表。

① 三维施工模型碰撞检查：在施工之前，将建设工程项目的一个专业或多个专业的施工 BIM 模型导入到同一个协同平台中，应用 BIM 软件的碰撞检测功能技术对三维管线进行碰撞检查，可以及时发现管线与主体结构的碰撞，及时优化工程设计，减少施工时可能出现返工的可能性，同时也可以优化管线的排布方案。施工方可以通过 BIM 碰撞检测技术很好地预测工程的利益。施工方通过 BIM 模拟技术可以事先了解会出现索赔的地方、施工工序方式不合理的地方，在项目招投标中，通过不均衡报价，可以很好地掌控施工方自己的利益。同时施工方采用 BIM 技术可以减少资源的浪费，有着良好的社会效益。

② 三维虚拟施工：与三维施工模型碰撞检查的步骤类似，将建设工程项目的一个专业或多个专业的施工 BIM 模型导入到协同平台中，协同平台结合相关的项目管理软件进行施工方案组织设计模拟。将施工方能够应用的 BIM 模型加入时间的维度、成本、质量等因素，对工程建设项目建造整体过程和局部过程进行模拟分析，发现整体与局部建造过程中不合理的施工组织计划，以及施工材料的供应可能出现的情况，项目的质量可能出现的问题，以及施工过程应该注意的可能发生的状况等，并针对相应的问题在施工前提出相应的应对方案，保证制定的施工方案在指导施工时做到有序、高效、科学合理，同时力争以最小的投入达到最大的收益。

③ 三维校验：BIM 模型具有较好的三维可视化特性，应用可视化工具能够实现多角度观察、路径漫游、虚拟建造过程展示等。可以利用 BIM 模型的特点直观地将虚拟的BIM 工程与实际工程进行对比，发现 BIM 模型与实际施工的不合理处，并进行记录，及时组织相关各方对施工的过程及实际建筑物相关功能等进一步评估，同时也是施工方向业

主提出修改施工方案的一种形象的展示方法。这样通过 BIM 技术结合施工方案、施工模拟和现场视频监测，大大减少建筑质量问题、安全问题，同时增加了施工方的施工能力和盈利能力。

2）工程量计算

在实际工程中，施工工程师利用施工 BIM 模型进行指导施工，造价工程师利用造价 BIM 模型进行工程量计算，并将计算好的工程量导入计价进行工程的预算、决算。在 Autodesk 的 Navisworks 已经可以计算工程量，但是在实际算量应用中存在很多问题。如扣减关系的处理很多时候都需要手动去调节。在实际项目中，我国工程量计算主要是应用鲁班、广联达等造价软件进行计算，大多数都是在鲁班、广联达中根据设计方提供的图纸重新建模，无法做到直接用设计方的 BIM 模型进行工程量统计，用设计的 BIM 模型导入到算量软件中有许多模型处理问题，导致出现工程量不准确等一系列问题，应用施工阶段 BIM 模型就可以克服设计 BIM 模型的不足，可以直接将模型通过插件导入到算量软件中。

3）资源管理

利用协同平台 BIM 模型，从各类项目管理软件中读取有关人力、施工机械等资源汇总表；当施工模拟完成后，与施工模拟中所得的资源使用情况汇总表进行比较，判断是否符合现场的资源安排情况，如不相符，将需要调整的内容输入施工模拟优化模块从而更新施工模拟，得到优化之后的资源使用情况汇总表再次进行比较，直到符合资源使用计划。

4）现场管理

现场数据获取的主要任务是定期获得现场实时施工进度数据，然后将得到的进度数据输入到施工模拟模块，根据这些数据调整后续施工模拟，确保施工模拟能最大限度地展现施工现场的真实情况。现场数据获取模块可以借助各种智能设备或者依靠人力，定期地统计更新施工现场整体的施工进度情况，在统计过程中，可以按照施工面来统计。

除以上功能外，在施工阶段的 BIM 模型协同管理的工作平台上，还可以根据建设项目的特点，设置展示培训功能模块，即可根据施工方法，对于施工中的重点难点部分以及特殊施工工艺进行详细的模拟，突出其中的施工细节，特别是涉及工人安全以及施工质量的关键步骤，制成视频文件，用于施工前对工人进行培训。还可以考虑在协同平台中进一步拓展和预留部分功能，充分考虑集成智慧城市、物联网以及物业管理等方面的接口，以实现建筑物全生命周期的管理。

需要指出的是：BIM 技术的目标是建筑全生命周期过程中的协同工作，只有构建基于 BIM 和互联网、云计算、大数据技术的建筑协同平台，才能真正实现施工过程中各部门、各专业施工人员对建筑信息模型的共享与转换，从而实现真正意义上的协同工作。

（2）施工阶段 BIM 协同管理的方法

基于上述原理构建的施工阶段 BIM 协同管理的方法主要有：

1）基于互联网的 BIM 模型数据存储和交换方式

BIM 模型数据存储和交换有文件方式、API 方式、中央数据库方式、联合数据库方式（Federated Database）、Web Service 方式等，在上述方法里面，前两种方式从理论上还可以在非互联网的情形下实现，而后面三种方式则完全是以互联网为前提的。

美国 BIM 标准关于 BIM 能力成熟度的衡量标准中根据不同方法划分为十级成熟度（其中 1 级为最不成熟，10 级为最成熟）如下：

1 级：只能单机访问 BIM

2 级：单机控制访问

3 级：网络口令控制

4 级：网络数据存取控制

5 级：有限的 web 服务

6 级：完全 web 服务，部分信息安全保障

7 级：web 环境，人工信息安全保障

8 级：web 环境，良好信息安全保障

9 级：网络中心技术，SOA 架构，人工管理

10 级：网络中心技术，SOA 架构，自动管理

其中，在十级 BIM 实施和提交方法中只有 1～2 两级属于单机工作方法，3～4 两级属于局域网工作方法，而 5～10 级都属于互联网工作方法；互联网应用的水平越高，BIM 的成熟度也越高。

互联网是 BIM 得以推广普及发展的不可或缺的市场基础和技术平台，互联网为 BIM 能够给工程建设行业带来的价值实现了数量级的放大，从而形成了市场对 BIM 的强大需求。可以毫不夸张地说，没有互联网的推广普及，就不会有 BIM 的量化应用。施工阶段 BIM 模型协同管理平台开发必须基于"互联网思维"，同时注重 BIM 与云计算、大数据、物联网等信息化技术的跨界融合，利用 BIM 打通数字化建造过程中的"信息断层"，实现集成化的数字建造，使工程建造向着更加智慧、精益、绿色的方向发展，最终实现真正的数字化建造和智慧建造。传统的单机 BIM 应用和基于局域网模式的管理系统已经不能支撑 BIM 技术的快速发展。

2）构建企业级 BIM 协同管理平台

尽管 BIM 技术推广的初期，很多企业是选择单项目、使用单机的 BIM 软件（或在局域网内协同共享）作为试点进行 BIM 应用，这种单机（或局域网）的工作方式、单项目的 BIM 应用模式无法发挥 BIM 模型可以把项目全生命周期所有信息集成为多维度、结构化数据模型的能力，随着 BIM 技术的深入应用，企业总部集约化管理模式将取代项目部式管理模式，成为主流的管理模式，构建企业级 BIM 协同管理平台是 BIM 发展的方向，项目各相关方在施工 BIM 协同管理平台中协同工作、共享模型数据。

企业级 BIM 协同管理系统必须具有以下模块：权限管理模块可以实现人员信息录入、信息管理和操作授权；信息集成功能可以实现图纸、资料、照片等施工资料的上传并与模型构件相关联；数据分析模块可以快速分析阶段性人材机数据、多工程造价数据统计、汇总、报表设计；图形模块可以实现虚拟建造演示、可视化沟通交流技术问题、可视化技术交底等功能；各相关方应根据 BIM 应用目标和范围选用具备相应功能的 BIM 软件。

3）管理系统及其配套客户端软件具有强大的信息采集、集成和数据分析功能

施工阶段 BIM 应用的特点是全体项目管理人员都要使用系统进行信息录入和数据调

用等工作，项目参与各方不同岗位、不同层次的施工管理人员都要参与过程信息的采集、上传、调用等工作，BIM 协同管理平台应满足项目各相关方协同工作的需要，支持各专业和各相关方获取、更新、管理信息。配套 BIM 软件（系统客户端）应具备下列基本功能：

    ① 模型输入、输出。

    ② 模型游览或漫游。

    ③ 模型信息处理。

    ④ 相应的专业应用功能。

    ⑤ 应用成果处理和输出。

    4）建立与 BIM 应用配套的人员组织结构和系统使用制度

建立基于 BIM 的管理体系，将项目相关单位（业主方、监理方、咨询方、分包方等）纳入平台统一管理，明确岗位、工作职责；统一建模、审核、深化、设备、维护等标准；制定并规范 BIM 应用各流程；监理例会制度、检查制度等。

需要说明的是，尽管 BIM 应用价值最大化的理想状态是所有项目参与方都能够在各个层次上使用 BIM，但是必须同时看到 BIM 应用的另外一些特点：由于 BIM 技术推广初期受各种条件的限制，BIM 应用的各个层次不是能一步到位的，也不需要一步到位；BIM 应用既不需要在一个项目里实现各个层次，也不需要一个项目的所有参与者都同时使用；项目参与方中有一个人使用 BIM 就能给项目带来利益，只进行某一个层次的应用也能给项目带来利益。施工 BIM 应用宜覆盖工程项目深化设计、施工实施、竣工验收与交付等整个施工阶段，也可根据工程实际情况只应用某些环节或任务。

项目成员的职责并不会因为 BIM 而变化，但成员之间的关系和工作方式却会发生变化，甚至可以是很大的变化。例如，传统的项目成员之间更在意各司其职，各自都有自己的工作目标；采用 BIM 技术后，更重视协同作业，把项目的成功作为成员共同的目标。而且由于 BIM 技术的跨组织性，项目成员的工作不再是按顺序进行的，更多的工作可以并行开展。应用 BIM 的目的不是为了使工程项目的建设工作更复杂化，而是为了找到更好地实现项目建设目标的办法，高效优质地完成工程项目，满足建筑业客户的需求。

5.2.2 施工阶段 BIM 模型协同管理的组织与流程设计

施工阶段 BIM 协同管理应统筹考虑企业长远战略规划，从经营层面和业务层面做好流程设计，涵盖企业所有业务，实现岗位级、项目级、企业级多层级协同应用，在成本、技术、质量、安全、进度、施工管理等方面实现整体 BIM 应用，形成 BIM 应用体系。图 5.2-1 为施工总承包企业 BIM 系统功能架构图。

具体到施工 BIM 应用流程方面，宜分贯穿施工全过程的整体流程和不同专业、不同阶段、不同层级的详细作业流程等几个层次编制。

（1）在设计贯穿施工全过程的 BIM 整体应用流程时，宜描述不同专业、不同岗位在整个施工过程 BIM 应用之间的顺序关系、信息交换要求，并为每项 BIM 应用指定责任方，例如施工 BIM 应用整体流程可如图 5.2-2 所示。

（2）在详细流程中，宜描述 BIM 应用的详细工作顺序，包括每项任务的责任方，以

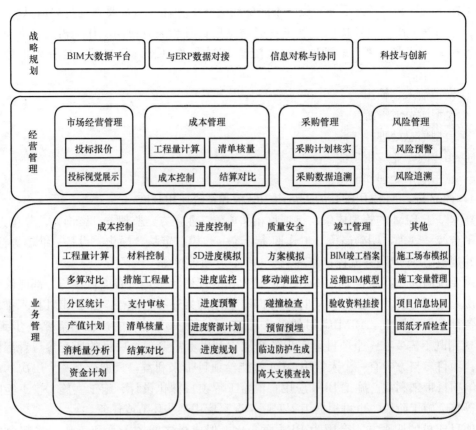

图 5.2-1 施工总承包企业 BIM 系统功能架构

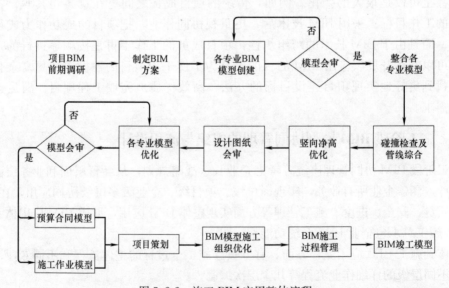

图 5.2-2 施工 BIM 应用整体流程

BIM 应用流程图形式表达 BIM 应用过程、定义 BIM 应用过程中的信息交换要求；明确 BIM 应用的基础条件，由于篇幅限制，本书以鲁班 BIM 协同管理平台深化设计 BIM 应用流程、基于 BIM 技术机电管线优化流程、基于 BIM 技术资料管理流程（图 5.2-3～

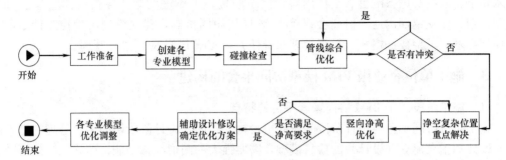

图 5.2-3　施工阶段深化设计 BIM 应用流程

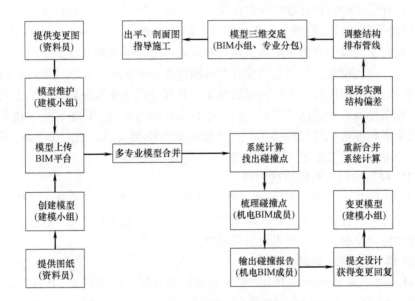

图 5.2-4　基于 BIM 技术机电管线优化流程

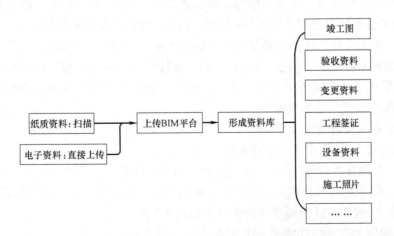

图 5.2-5　基于 BIM 技术资料管理流程

图 5.2-5)为例,举例说明各项施工过程 BIM 应用流程设计的方法。

施工 BIM 协同管理的组织与流程设计,要明确项目相关各方的施工 BIM 应用责任、技术要求、人员及设备配置、工作内容、岗位职责、工作进度等。各相关方应基于 BIM 应用策划、建立定期沟通、协商会议等 BIM 应用协同机制，建立模型质量控制计划，规定模型细度、模型数据格式、权限管理和责任方，实施 BIM 应用过程管理。

5.2.3 施工单位企业级 BIM 模型协同平台的构建

(1) 施工阶段基于 BIM 协同管理平台的特点

施工阶段协同平台与设计阶段的协同平台构建不同，设计阶段协同平台管理的是不同专业设计师正在建立（设计）的项目模型，需要强大的图形编辑功能；而施工阶段协同平台管理的是已经经过深化设计、专项方案制定和优化后的施工过程模型，不再需要经常修改模型（有设计变更时在设计软件中修改模型，在施工协同平台更新修改后的模型即可），构建 BIM 协同平台的目的是为了共享经过深化设计的施工工作模型，平台的使用人员是以用模型集成施工阶段信息为主，系统用户可以通过客户端软件在模型中插入、提取、更新和修改信息，以支持和反映其各自职责的协同作业，系统客户端软件不需要模型编辑功能，需要的是与模型构件相关的信息编辑功能、数据分析功能和图形（施工工艺）显示功能：上传与施工模型匹配的图纸资料、施工过程中产生的材料、设备、施工技术资料、现场质量、安全资料等信息并与模型关联，进度数据与模型关联，通过 PC 端、平板电脑、智能移动终端等可以实时上传和调取数据。

(2) BIM 模型协同平台的构建内容

构建施工阶段基于 BIM 协同管理平台的目的是在项目建设过程中，项目各参与方和施工企业各部门项目管理人员能够在模型中插入、提取、更新和修改信息，以支持和反映其各自职责的协同作业，从而实现建筑领域中的协同工作。

1）BIM 模型与 ERP 管理系统

ERP（Enterprise Resource Planning）企业资源计划，由美国 Gartner Group 公司于 1990 年提出。ERP 是将企业所有资源进行集成管理，简单地说是将企业的三大流：物流、资金流、信息流进行全面一体化管理的管理信息系统。BIM 与 ERP 有效结合是构建企业级 BIM 协同平台需要考虑的重要环节，BIM 与 ERP 需要在企业级数据和项目级数据两个层级上对接。企业级数据包括分部分项工程量清单库、定额库、资源库、计划成本类型等数据；项目级数据包括项目信息、项目 WBS、项目 CBS、单位工程、业务数据。施工阶段 BIM 协同管理平台系统还应支持通过 API 接口与企业 ERP 管理系统实现数据对接，为 ERP 系统智能提供成本管理数据。

具体数据对应关系如图 5.2-6 所示。

2）施工单位 BIM 模型协同平台架构

在国内，上海鲁班软件有限公司研发的鲁班 BIM 系统平台管理软件和德国 RIB 公司开发的 iTwo 5D 系统以及广联达 BIM 5D 软件是目前应用比较广泛的施工阶段 BIM 协同管理平台。施工阶段 BIM 协同平台的架构如图 5.2-7 所示。

3）施工阶段 BIM 模型协同平台的目标

施工阶段 BIM 协同管理平台是将项目 BIM 模型由 3D 模型集成为一个 5D（3D 实体、1D 时间、1D 工序）乃至 nD 结构化数据库，配套的客户端软件可访问系统中的多维度、结构化 BIM 数据库模型，上传或调用模型施工信息数据，实现各项目业务管理之间的关

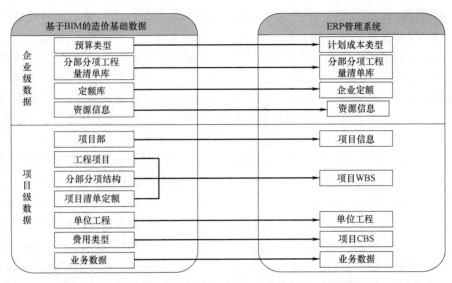

图 5.2-6　BIM 模型与 ERP 管理系统数据对应关系

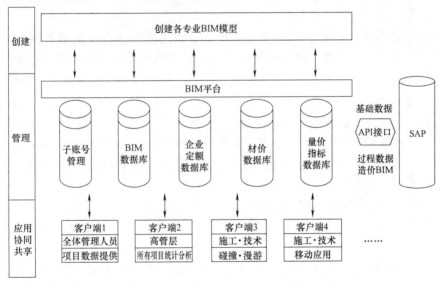

图 5.2-7　施工阶段 BIM 协同平台架构

联和联动，系统采用 B/S 架构，用户只需登录网页或客户端即可对项目进行轻量级的 4D 施工管理和日常项目管理。利用 BIM 构建建筑信息模型，实现建筑全生命期各阶段和各参与方之间的信息交换与共享的巨大价值。BIM 包括工程对象完整的工程信息，是建筑工程数字化建造最直接的数据源，基于 BIM 的项目协同管理系统平台以 BIM 模型为载体，实现建设全过程的信息共享，对建造全过程的数字模拟与仿真、工厂化加工、机械化安装、多专业碰撞检查、施工进度管理、施工质量管理、变更管理、支付管理、采购管理、安全管理等数字化建造技术提供技术支持。

4）施工阶段 BIM 模型协同平台的技术支撑

① 云计算：施工阶段 BIM 协同管理平台应基于云计算、大数据技术开发，采用服务

器存储和计算模式，应用客户端程序可通过网络从云端按需获取所要的计算资源及服务，形成基于BIM和互联网技术的大后台、小前端系统架构。云端服务器端是一个多维度、结构化的BIM数据库，计算速度大幅度提升、使多项目汇总分析、多算对比成为可能。目前云计算一般可分为私有云、公有云、混合云等模式。基于对数据安全性和数据指标积累等方面因素的考虑，很多大型企业以私有云的技术模式来搭建企业自己的IT基础架构，云计算技术是IT技术发展的前沿和方向，也是企业未来最重要的IT基础架构。

② 硬件资源：施工阶段采用网络协同工作模式的BIM协同管理系统，另外一大优势是在硬件配置方面能够充分整合原有的计算资源，降低企业新的硬件资源投入、大幅降低系统维护的成本等。建造阶段使用BIM系统的项目管理人员人数比设计阶段呈几何级增长，由于所有的计算和图像处理工作都是在中央服务器上运行，可以大大降低大多数项目管理人员所需要的硬件配置，可以根据每个成员的工作内容，配备不同的硬件，形成阶梯式配置。比如，从事建模和模型整合工作的人员就需要较高的硬件配置，而对于具体的项目管理人员（用模人员）所使用的系统客户端软件，只是通过终端设备发出指令和显示服务器端传输过来的图形或报表，大大降低硬件配置要求，可以降低企业新的硬件资源投入（甚至可以充分利用原有的硬件设备，通过升级改造实现BIM应用）、节约资金、减少浪费。

③ 系统信息集成：系统信息集成功能将施工阶段所有信息与模型关联，形成基于BIM的项目信息枢纽，改变点对点的信息沟通方式，实现一对多的项目数据中心，系统具备互操作性是BIM协同管理平台的重要特征，项目所有授权用户可以同时对项目进行信息上传、数据分析和信息共享等，改变传统的项目信息交互方式，使混乱的信息交互变的有序、高效，实现真正意义的数据协同共享、信息对称。当然，不同岗位授权不同，被授权人可以随时随地获取授权范围内最新最准确的项目信息，减少沟通误解，提升协同效率，可以满足人材机资源计划的快速制定、按区按进度等多维度快速统计产值、实现短周期多算对比、企业级多项目资源计划管理、产值统计等。

系统要具备强大的图形处理和显示功能，可以进行4D施工方案的模拟、并通过虚拟漫游、三维动态剖切、施工动画制作等方法进行为可视化交底、可视化沟通、虚拟建造演示等工作提供技术支持。

④ 客户端软件：系统针对不同岗位开发不同功能的客户端软件。针对企业管理和决策岗位的管理客户端，可以用于集团公司多项目集中管理、查看、统计和分析，以及单个项目不同阶段的多算对比，主要由集团总部的管理人员使用，为总部管理和决策提供依据；主要功能包括量价查询、多算对比、资源计划、产值统计、进度管理、5D成本管理、偏差分析等；针对项目管理岗位的BIM浏览器客户端，可以通过移动终端APP应用，随时随地上传本岗位职责范围内应集成的项目质量、安全、施工技术、材料设备等信息并与项目构件关联，同时也可以快速查询岗位工作所需的项目数据，操作简单方便，轻松实现按时间、区域多维度检索与统计数据；在项目全过程管理过程中，为材料采购、资金审批、限额领料、分包管理、成本核算、资源调配计划等工作及时准确地获得基础数据的支撑；还可为施工技术交底、施工工艺模拟展示、虚拟漫游等提供可视化的沟通方式，大幅度提升现场沟通协调效率。

⑤ 施工规范与标准：施工阶段BIM协同管理平台系统的构建，还要考虑符合国内各

种规范要求、适合国内建设项目特殊需求的配套软件，尤其是要兼容钢筋平法规则、全国各省市清单定额规则等中国特色的造价管理需求。BIM平台将数据接口封装为WCF、webservice服务，使ERP系统可以通过webservice，以XML数据形式进行接收数据，或者业主方使用的ERP系统提供开放的、标准的接口需求，BIM平台根据其标准的、开放的接口要求进行开发。

⑥智能移动终端：系统应能够通过智能手机、平板电脑等移动端设备管控项目，包括通过移动端第一时间采集施工阶段各类项目信息并上传数据库与模型构件关联、通过移动终端查询模型信息、利用移动终端进行可视化沟通等；可得到商业智能总控的所有分析报告和功能。

⑦数据安全：关于系统数据安全控制，项目BIM数据存储环境方面要满足冗余存储、数据备份、异地容灾等安全要求，采用RAID1、RAID5或RAID10等常用磁盘阵列技术规范（RAID1：两组以上的N个磁盘相互镜像，速度快，Size＝min（S1，S2）；RAID5：至少需要三块硬盘，把数据和相对应的奇偶校验信息分别存储于不同的磁盘上，磁盘空间利用率要比RAID1高，但速度稍慢，Size＝（N-1）×min（S1，S2，...Sn）），既保证系统计算速度，又保证硬盘出现故障时系统不间断运行和数据安全。平台的所有功能都应能进行功能权限、部门权限、参与方权限的判断和控制。人为数据安全控制方面，根据不同用户，设置相应权限，系统自动生成用户操作日志记录以备查看，没有权限的用户禁止使用系统。用户根据权限，可以做不同的操作。平台对一些重要的数据按一定的算法进行加密，允许用户进行数据的备份和恢复，以弥补数据的破坏和丢失。后台数据安全，能够记录平台运行时所发生的所有错误，包括本机错误和网络错误，这些错误记录便于查找错误的原因。

BIM系统网络拓扑如图5.2-8。

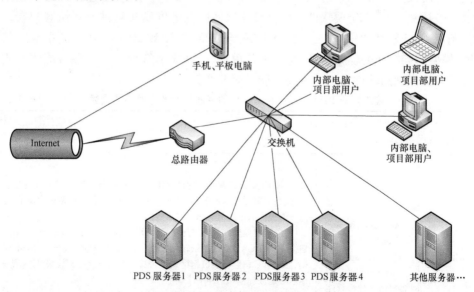

图5.2-8　BIM系统网络拓扑

5）BIM协同平台建设与平台化、系统化、专业化的关系

需要注意，施工阶段BIM协同管理平台的构建应正确处理平台化、系统化、专业化

与自动化、集成化之间的关系。

平台化是在一个统一的平台上提供一系列工具，行业从业人员根据自己工作需要使用这些工具；系统化规范了工具使用的方法和流程，使得不同专业人员针对同一项目的不同问题时能够协同工作，避免各自为政；专业化是在平台化和系统化基础上的特殊问题解决方案。

自动化可以最小化人工劳动的工作量；集成化是指用一个软件解决所有的问题。前者需要小心界定哪些人工劳动在什么条件下是可以被软件代替的，而后者的程度越高则适用性就越低。

平台化、系统化、专业化应该是工程建设类软件的发展方向，但过分强调平台化和系统化会增加软件应用难度、增加人工工作量，反之过分强调自动化和集成化则会导致解决问题范围的缩小和专业技术人员能力的退化，在平台化、系统化前提下的自动化和集成化应用是 BIM 乃至建筑业信息化发展的一个方向，专业化就可以看成是这一发展方向的一种体现。

5.2.4 施工阶段基于 BIM 协同平台与软件的基本类型

Eastman 等将 BIM 应用软件按其功能分为三大类，即：BIM 平台软件、BIM 工具软件和 BIM 环境软件。环境软件是指可用于建立能为多个 BIM 应用软件所使用的 BIM 数据软件。BIM 工具软件是指利用 BIM 基础数据开展各种工作的应用软件。平台软件是指对各类 BIM 基础软件、工具软件产生的数据进行有效管理以支持工程项目多参与方及多专业的工作人员之间通过网络高效的共享信息的软件。

根据 Eastman 的分类，施工阶段基于 BIM 协同平台与各种 BIM 工具软件根据使用性质不同分为两大类：第一大类是创建施工 BIM 模型的软件，用来建立施工 BIM 模型、图纸生成，包括施工 BIM 建模软件、深化设计软件以及进度安排软件或系统客户端；第二大类是利用 BIM 模型的软件，包括存储和处理 BIM 模型数据的 BIM 协同平台及其配套的 BIM 模型浏览、冲突检查、4D 施工工艺模拟、5D 成本管理、虚拟漫游等软件或系统客户端。具体详细的软件类型及主要功能见表 5.2-2。

施工阶段 BIM 协同平台与软件的基本类型及主要功能描述　　表 5.2-2

BIM 协同平台或软件（系统客户端）	主要协同平台和软件（系统客户端）品牌	主要功能描述
施工建模软件	Autodesk：Revit Tekla Xsteel Magicad Rhino(犀牛) 鲁班施工建模软件	（1）Revit 是最普遍应用的设计建模软件，在施工阶段模型建立也普遍应用，模型需要导入鲁班建模软件或广联达算量软件等计取国内清单、定额规范方能提供满足规范的施工成本数据。 （2）鲁班建模软件是针对施工阶段 BIM 应用专门开发的施工建模软件，建模方式有 CAD 二维图纸转化建模、通过图形转换插件导入 Revit 设计数据、通过 IFC 国际标准数据格式导入其他主流设计三维数据等，内置全国各地清单定额规范和钢筋平法规范。 （3）Xsteel：钢结构建模软件。 （4）Magicad：安装专业建模软件。 （5）Rhino：幕墙建模软件

BIM 协同平台或软件(系统客户端)	主要协同平台和软件(系统客户端)品牌	主要功能描述
BIM 深化设计软件	Navisworks 鲁班云碰撞检测软件 广联达审图软件	(1)基本功能是集成各专业三维软件创建的模型,进行 3D 协调、4D 计划、可视化、动态模拟等。 (2)Navisworks 与广联达审图软件是单机软件应用模式。 (3)鲁班云碰撞检测软件部署在云端服务器上、基于云计算和系统客户端操作模式,使终端硬件配置要求降低
BIM 造价管理软件	鲁班、广联达、PKPM-STAT、斯维尔	利用 BIM 模型提供的信息进行工程量的统计和造价分析,基于 BIM 模型结构化的数据支持,BIM 造价管理软件可以根据工程施工计划动态提供造价管理需要的数据
三维场地布置软件	鲁班施工软件 广联达施工软件	(1)三维场地布置软件,功能包括施工现场道路、围墙、临时设施、施工机械、脚手架等施工措施三维布置。 (2)智能生成砌体排列图等
BIM 网络协同平台系统	BIM360 鲁班 BIM 协同管理平台 ITWO 5D 系统 广联达 BIM5D	(1)利用大数据技术,将各项目 BIM 模型汇总到企业总部,构建一个企业级多维度、结构化项目 BIM 数据库,支持私有云和公有云系统部署模式。 (2)开放数据格式,可接收系统配套建模软件建立的 BIM 模型及其他主流建模软件建立的 BIM 模型(Revit 模型及符合 IFC 数据标准的 BIM 模型)。 (3)实现 BIM 图形数据、成本数据、资料数据、指标数据、企业定额数据的共享,提升项目和企业协同能力。 (4)BIM 浏览器软件(客户端)提供图形数据和传输支持。 (5)数据分析软件(客户端)提供云计算和数据传输支持。 (6)BIM 可视化软件(客户端)提供碰撞检测、虚拟漫游提供计算和显示支持。 (7)施工全过程图纸、文档、资料等的存储和查询提供计算服务和数据支持
BIM 浏览器软件(客户端)	Luban BE(鲁班云平台 PC 客户端) Luban BV(鲁班云平台移动客户端) 广联达 BIM 浏览器	(1)项目管理人员可以随时随地快速查询、管理基础数据,操作简单方便,轻松实现按时间、施工段等多维度检索与统计数据。 (2)在项目建设全过程管理时,为材料采购、资金审批、限额领料、分包管理、成本管理、资源调配、劳动力安排等生产、经营活动及时准确获得数据的支持。 (3)主要功能包括:工程定位、区域数据查询、构件反查、资料管理、质量安全控制、数据查询,以及施工工艺模拟展示、虚拟漫游、可视化施工技术交底和沟通;施工技术资料上传服务器系统并与构件关联等
数据分析软件(客户端)	Luban MC(鲁班云平台管理驾驶舱客户端) 广联达 BIM5D	(1)企业不同岗位都可以根据授权进行数据查询和分析,为精细化管理提供数据支持。 (2)用于集团公司多项目集中管理、查询、统计和分析,以及单项目不同阶段的多算对比,使用者主要是集团公司总部管理人员。 (3)主要功能包括:量价查询、多算对比、资源计划、产值统计、进度管理、5D 成本管理、偏差分析等。为资金审批、全过程成本控制等工作及时准确地获得基础数据提供支撑
BIM 可视化软件(客户端)	3DS Max、Navisworks 鲁班云平台 BIM 浏览器、鲁班云碰撞客户端 广联达 BIM 浏览器	更好地展示建筑对象模型表达的信息、施工技术交底、施工工艺模拟展示、虚拟漫游

BIM 协同平台或软件（系统客户端）	主要协同平台和软件（系统客户端）品牌	主要功能描述
移动应用客户端	Luban BV、Luban iBan（鲁班云平台移动客户端）广联云移动客户端	(1)智能移动终端 APP 应用,为加强质量、安全施工等作业提供可视化管理手段,并与 BIM 模型进行关联,方便核对、查询和管理。形成结构化的现场照片数据库。 (2)主要功能:浏览 BIM 模型信息、施工信息采集-上传系统服务器与模型构件关联
进度计划软件	Project Luban SP 广联达进度计划软件	(1)进度计划编制 (2)计划进度与模型关联 (3)实际施工进度填报

5.3　业主方 BIM 协同管理工作

　　业主是 BIM 项目的实际拥有者（Owner），也是项目建设的发动者，是推动行业变革的主要驱动力。业主 BIM 驱动力的变革，促进设计单位设计思维及方法的转型，促进施工单位采用信息化手段和工具提高自身的施工效率和效益。BIM 技术涉及建筑物全生命期每个过程，从前期概念设计、深化设计、施工阶段到后期运营维护阶段，作为 BIM 项目的总组织者，在此过程中，业主是 BIM 实施的最大受益者和核心驱动力量。因此，以业主方为主导 BIM 协同管理的成功与否是 BIM 价值得以体现的关键。

5.3.1　业主方 BIM 应用的组织模式

　　根据众多大型项目的应用实例、实际调研和分析研究，可以发现，业主方的 BIM 应用涵盖了投资方、开发方和由咨询公司提供的代表业主方利益的 BIM 应用服务。业主方是工程项目建设过程的总集成者和总组织者，在 BIM 应用中，业主扮演者重要的领导角色。根据项目目标和 BIM 应用目标，业主方领导和参与到 BIM 应用的组织模式也需要进行相应的顶层设计。

(1) 业主方驱动模式是 BIM 应用组织模式的主导

　　当前，在建设项目 BIM 应用的基本组织模式中，主要存在三种类型：设计方驱动模式、承包商驱动模式和业主方驱动模式。

　　1) 设计方驱动模式

　　设计方驱动模式是 BIM 在建设工程项目中应用最早的方式，应用也较为广泛，其以设计方为主导，而不受建设单位和承建商的影响。在激烈竞争的市场中，各设计单位为了更好地表达自己的设计方案，通常采用 3D 技术进行建筑设计与展示，特别是大型复杂的建设项目，以期赢取设计投标。但是，设计方驱动的 BIM 应用模式通常只应用于项目设计的早期，并没有将 BIM 的主要功能应用于建设项目整个过程中。

　　2) 施工方驱动模式

　　施工方驱动模式是随着近年来 BIM 技术不断成熟及应用而产生的一种应用模式，其应用方通常为大型承建商。施工方采用 BIM 技术的两个目的：辅助投标和辅助施工管理。

在竞争的压力下，施工方为了赢得建设项目投标，采用 BIM 技术和模拟技术来展示自己施工方案的可行性及优势，从而提高自身的竞争力。BIM 技术结合模拟技术，在项目的招投标阶段和施工阶段发挥了较好的作用。然而，由于大多数施工方对 BIM 技术还缺乏相应的了解，故施工方驱动的 BIM 应用模式仍未得到广泛的应用。同时，此种应用模式主要面向建设项目的招投标阶段和施工阶段，当工程项目投标或施工结束时，所建立的 BIM 模型就失去其价值。

3）业主方驱动模式

在业主方应用 BIM 技术的初期，主要集中于建设项目的设计，用于项目沟通、展示与推广。随着对 BIM 技术认识的深入，BIM 的应用已开始扩展至项目招投标、施工、物业管理等阶段。

① 在设计阶段，业主方采用 BIM 技术进行建设项目设计的展示和分析，一方面，将 BIM 模型作为与设计方沟通的平台，控制设计进度；另一方面，进行设计错误的检测，在施工开始之前解决所有设计问题，确保设计的可建造性，减少返工。

② 在招标阶段，业主方借助于 BIM 的可视化功能进行投标方案的评审，这可以大大提高投标方案的可读性，确保投标方案的可行性。

③ 在施工阶段，采用 BIM 技术和模拟技术进行施工方案模拟和优化，一方面，提供了一个与承包方沟通的平台，控制施工进度；另一方面，确保施工的顺利进行，保证工期和质量。

④ 在物业管理阶段，前期建立的 BIM 模型集成了项目所有的信息，如材料型号、供应商等，可用于辅助建设项目维护与应用。

需要指出的是，尽管业主方可采用 BIM 技术进行建设项目的全生命周期管理，但还仅停留在尝试阶段。事实上，目前几乎没有业主方将 BIM 技术应用于一个建设项目的全生命周期管理，其应用主要集中在设计和招投标阶段。但是，目前 BIM 模型来源于 2D 设计图纸，即将现有的 2D 设计图纸转换为 3D 模型。这与 BIM 的理念相违背，采用 BIM 技术的初衷是采用 3D 技术辅助设计、指导施工、辅助后期管理。同时，这也大大增加了 BIM 的应用成本。

（2）业主方 BIM 应用的组织模式类型

通过以上的三种 BIM 应用驱动模式的比较可知，由于业主在供应链中所处的地位及参与整体项目运作的起止时间，业主驱动模式更有利于 BIM 项目实施。总体而言，业主方 BIM 应用的组织模式可归纳为以下两种类型：第一，业主主导，委托第三方 BIM 咨询公司实施模式；第二，业主主导，设计、施工、监理等单位共同参与实施模式。

下面分别论述如下：

1）业主主导，委托第三方 BIM 咨询公司模式

该模式的主要存在三种情况：

① 业主负责总体推进协调，BIM 咨询制定标准、实施细则，各参建方是 BIM 实施主体。BIM 咨询方不建模型，只负责审核和技术指导，组织架构如图 5.3-1 所示。

在这种模式下，在设计阶段，BIM 咨询方根据多家设计企业提供的设计图纸建立 BIM 设计模型，并进行基于 BIM 的模拟与性能分析，提出设计优化改进建议，通过图纸与模型的迭代修改辅助完成设计工作；在施工阶段，业主方与各个施工承包方共同应用咨

询方研发的基于 BIM 的 4D 施工管理和项目综合管理系统进行施工过程的管理，围绕建设方对工程施工的管理需求，同时兼顾各方的业务流程，明确各参与方在系统应用过程中的工作流程和权责，协同应用、协同管理，利用 BIM 技术和系统应用进行项目的全方位管控。

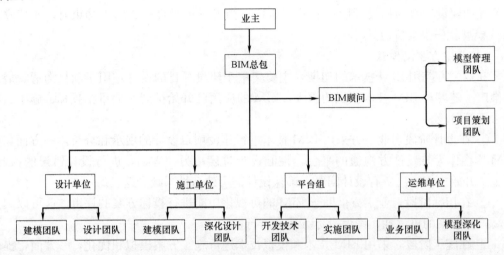

图 5.3-1　BIM 咨询公司（仅提供咨询服务）的组织架构

　　② BIM 咨询方是 BIM 实施主体，包括建模和 BIM 基本应用，各参建方配合审查模型、提供信息等。组织架构及流程如图 5.3-2 所示。

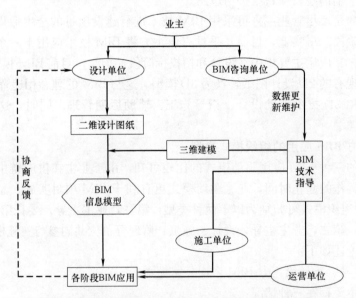

图 5.3-2　BIM 咨询方（BIM 实施主体）组织模式流程

　　在这种模式下，业主方分别同设计方、BIM 咨询单位签订合同，先由设计方进行传统的二维图纸设计，而后交由 BIM 咨询方进行三维建模，并开展一系列的功能应用分析，并将检测结果及时反馈给二维设计单位作设计修改，以减少后期因设计不良造成的工程变更和工程事故。同时，在施工阶段，BIM 咨询方同施工、设备安装等单位进行协同合作，运用 BIM 信息平台进行各方信息的互用和交流。

　　这种模式有利于业主方择优选择设计单位，招标竞争较激烈，有利于合理化中标价。缺点是业主方合同管理工作量大，沟通难度高，不便于组织协调。BIM 模型在竣工交付阶段，可能存在信息丢失和误传，且在运管阶段，业主方可能存在人员能力不足或软硬件设备缺陷等，造成 BIM 信息平台效率降低，不能发挥出预想的效益。

　　③ 业主主导，设计方承担 BIM 咨询工作并牵头，各方共同参与。BIM 牵头单位制定实施方案和标准，业主方负责总体推进协调，BIM 咨询完成设计模型，施工单位深化模型最终完成竣工模型，由咨询单位实施 BIM 应用点。组织架构及流程如图 5.3-3 所示。

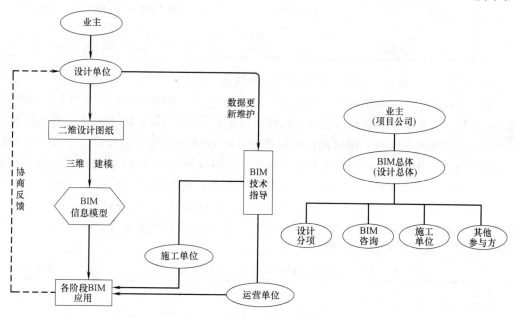

图 5.3-3　设计方（承担 BIM 咨询）组织模式流程与组织架构

　　设计主导模式是由业主方全权委托设计单位进行，其应用实施难度相对较为简单，应用也相对较为广泛。业主方首先应确定 BIM 应用要求及模型信息的详细程度等级，并通过 BIM 合同的方式进行约定，由设计单位负责建立 BIM 模型，并按照合同要求在项目实施过程中，以设计单位为主导，与施工、设备安装等项目参与方进行沟通协调，并为模型信息数据提供及时的更新与维护，最终保证该拟建项目的 BIM 模型按照合同约定交付并顺利应用到后期运营管理过程中。

　　例如，在某隧道工程中的 BIM 应用中，采用业主牵头协调，设计咨询机构主导，各参与方配合的组织模式。其中，业主单位应用相应的管理团队，总体协调 BIM 技术应用全过程的规划、管理和保障；设计咨询机构有专门的实施团队，包括 BIM 应用小组、BIM 开发小组，做到各司其职。在该范例中的人员配备及能力要求见表 5.3-1。

　　在这种模式下，业主方合同关系简单，合同管理较容易，组织协调工作量小，初期实施难度较低，对人员 BIM 技术水平及软硬件设备要求低；缺点是前期设计招标难度大，对设计单位 BIM 技术要求较高，供业主方选择的设计单位的范围小。在项目实际推进中，业主方管控能力较弱，而且存在建立的 BIM 信息模型其详细程度不能满足后期运营管理需求的风险。

单位	参与人员岗位	参与人员数量	能力
业主	项目总工	1 人	对 BIM 技术应用具备一定的了解
	BIM 专业负责人	1 人	应具备 BIM 技术应用管理经验
	BIM 技术工程师	不少于 2 人(设计、施工条线各不少于 1 人)	应具备设计阶段和施工阶段 BIM 技术应用实施和管理经验
设计方 BIM 团队	BIM 项目经理	1 人	应具备隧道 BIM 技术应用实施和管理经验
	BIM 技术工程师(土建、结构、机电、造价、土建施工、机电施工)	各专业不少于 1 人	应具备隧道 BIM 技术应用实施和管理经验
	BIM 开发工程师	不少于 6 人	应具备相关 BIM 软件和平台的开发经验

2) 业主主导,设计、施工、监理等单位共同参与模式

这种模式属于业主自建模式,通常由业主方为主导,指定专门人员担当 BIM 模型经理,通过与设计方相关人员结合,针对拟建项目组建 BIM 团队,确定团队成员工作职责和范围(范例见表 5.3-2)。BIM 团队对拟建项目的 BIM 技术作全程指导,全面开展项目相关的应用检测及分析,包括对模型信息更新、维护及保管,同时为后期项目运营管理奠定良好的技术和信息资料基础。业主方通过自建模式,更好地对工程质量、进度、造价、安全等因素进行控制,并熟悉和掌握了建设项目实施过程中的所有资料信息,培育出了一批高水平、有经验的 BIM 技术操作人员,降低了项目运营期维护成本,同时更好地发挥了 BIM 的强大优势,有利于项目效益最大化。

某建设项目 BIM 应用业主自建模式范例　　　　　　　　表 5.3-2

参与方	人员(不少于)(人)	主要职责
业主方	5	文件确认、规则确认、监督执行、设计协调、施工协调、项目管理平台开发
设计方	17	完成 BIM 在设计阶段的应用并提交成果、施工阶段的设计变更
施工方	8	完成 BIM 在施工阶段的应用并提交成果
监理方	3	审核施工信息,督促施工方确保施工模型与现场的一致性

在这种模式下,建设项目通常要成立 BIM 工作小组,业主派专人为组长,作项目 BIM 总负责和总协调。各参建方抽调专业人员作为组员,保证 BIM 实施的质量,其中,设计院是 BIM 主要实施者,施工及运营方只是配合,设计人员驻地现场。如图 5.3-4 所示。

5.3.2　业主方 BIM 模型协同管理的原理与方法

在工程建设领域,随着经济发展和信息通信技术(ICT)的进步,项目管理系统所具有的规模大、层次多、参与方多、分工细、工程复杂、目标多样、信息量激增、过程性等特征越来越明显,属于典型的复杂系统工程,需要有关政府部门、民众及工程参与方等众多参与主体及众多资源共同参与和密切协作。建筑行业通过交付复杂的项目来满足利益相关者的经济、社会与环境目标,随着 BIM 技术有效性和使用范围的不断提升,复杂项目中跨组织的有效协同是实现上述目标的重要途径。而业主方在工程建设中处于主导地位,

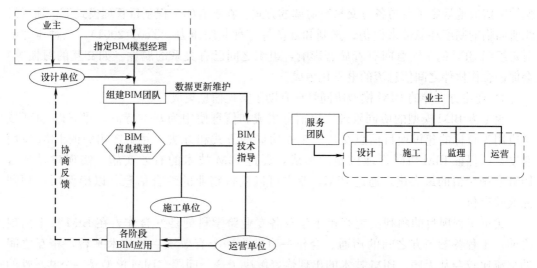

图 5.3-4　业主自建组织模式流程与组织架构

是联系所有工程建设参与单位的中心。因此，要推动 BIM 技术应用，提高建设行业整体效率，需要从业主角度着手完善工程建设组织机制，建立合理有效的业主方 BIM 模型协同管理模式至关重要。

（1）业主方 BIM 模型协同管理的原理

1）业主方主导的 BIM 模型协同管理有助于实现跨组织边界协同

在建筑行业和学术界针对有关 BIM 的研究中，跨组织边界的协同成为一个重要的研究热点和内容，有许多的学者和组织从多个角度进行了研究。他们认为，促进工程协同的方法通常涉及风险共担、新技术和市场的获取通道、外包和联营互补技能等，然而，每当新技术被引入组织内的时候，无论管理者采用何种方式进行设置，组织人员常常会抗拒改变。另外，在 AEC 行业内，文化和组织的边界往往会扼杀协同工作，即使有合同契约与协议，通过共同来解决问题以促进团队的协同环境是必要的。以前的文献研究发现建设项目的组织结构、文化和规范在项目成功上发挥着十分重要的作用。因此，在应用过程中所受到的组织内外制约或障碍等各种因素构成了跨组织 BIM 应用的协同环境，BIM 与跨组织协同环境之间的关系应是相互作用、相互促进的。而如何建立适应跨组织 BIM 应用的协同环境，以发挥 BIM 模型的协同效应，答案唯有业主主导。

2）业主方主导的 BIM 模型协同管理有助于实现权力、信任和共享的社会规范

① 权力对跨组织 BIM 应用的影响。在工程项目的跨组织 BIM 应用中，参与方之间权力影响的大小取决于彼此的依赖程度。权力对于跨组织 BIM 的应用具有正向影响，具有权力的一方（例如业主方）可以强迫其他参与方使用。然而，一旦跨组织 BIM 初步采纳以后，对其进一步的拓展性应用或主动使用，则有赖于项目参与方之间的信任。

② 信任对于跨组织 BIM 应用的影响。跨组织 BIM 的建设意味着组织之间会建立更紧密的联系，承担更多的合作与协调。项目参与方之间的信任可以降低协商成本及减少冲突的发生，参与方之间的信任关系对于跨组织 BIM 的成功实施与持续性使用非常关键。组织之间的权力与信任并不是替代关系，而是互补的辩证关系。

③ 共享的社会规范对跨组织 BIM 应用的影响。项目参与方之间共享的社会规范和惯

例约定俗成地规定了参与各方交易与协调的方式。在现有的工程项目管理模式下，项目组织所面临的制度环境带来模仿、强制和规范等三种制度压力（Teo，2001），三种压力都对跨组织 BIM 的采纳意向有着显著影响，组织之间已有关系的属性（如交互的习惯等）会促进合作伙伴之间信息流的电子化集成。

3）业主方主导的 BIM 模型协同管理有助于实现信息集成

业主方 BIM 模型的协同管理应以信息集成和信息使用为基本特征，建立以 BIM 技术应用为目标的建设项目信息交流、工作协同的方式和方法，并制定相关的 BIM 应用制度，以保证 BIM 协同管理机制的形成，促进 BIM 技术的有效实施，实现建设项目 BIM 实施价值的最大化。通过 BIM，业主可以获得物业的综合信息，以确保项目顺利完成并交付。

建筑工程项目的顺利实施有赖于建筑各专业跨学科的良好合作，在 BIM 技术出现之前，工程各参与方之间的沟通、合作一直缺少一个有效统一的技术平台，相互之间的交流比较杂乱无序。BIM 技术的出现恰好解决了这一问题。BIM 模型是一个共享性的数字化模型，支持各参与方共享模型中相同的数据信息，这些信息包括设计、施工等全生命周期的信息。项目各参与方的协同合作是发挥 BIM 模型价值的关键，同时 BIM 模型又为参与方间的合作提供良好的基础，这二者的实现只有业主主导方可发挥 BIM 协同的最大效能。

同时，BIM 的核心思想就是要建立一个项目全生命周期的协同工作环境，在工程项目实施的各个阶段，BIM 技术都具备强大的专业能力。在项目建造阶段，用 4D 模拟施工以进行进度管理，通过碰撞检查进行质量控制，通过材料、设备、工程量的准确分析进行成本控制，以及根据项目实施过程中不断完善的 BIM 模型形成竣工模型，为运营阶段提供技术支持等 BIM 的应用贯穿于项目全生命周期，并保持数据信息的关联性与一致性，建筑工程项目的顺利实施，应以全生命周期中各阶段循序渐进、有效衔接为基础。在各阶段中产生的大量数据信息对项目来说都是非常重要的，从中获得最大利益方应是业主方。BIM 技术，可以使这些信息有效保存并充分使用，并且在 BIM 模型中项目的各项数据都是相互关联的，某个数据发生变化，与之相关的数据都将随之发生变化。这些数据信息保存在模型中，在全生命周期中都是一致的，没有人为的更改，不会因项目实施阶段不同而变化。这种数据之间的关联性和一致性可以有效确保 BIM 模型的完整与准确，实现全生命周期各阶段之间的无缝对接。因此，业主作为建设项目全寿命周期的最大受益者，主导的 BIM 模型协同管理有助于实现信息集成和使用。

（2）业主方 BIM 模型协同管理的方法

1）建立 BIM 模型协同管理合理的组织结构

业主方作为项目的总实施者和资源集成者，在 BIM 协同管理中也发挥着重要作用，业主方应立足于项目整体进行 BIM 协同管理的组织设计。BIM 协同管理的组织结构构成主要分为两个方面：一是战略层，二是实施层。

战略层由业主、设计、施工等对工程项目建设发挥关键性作用的参与方组成。战略层成员需要对项目整体进行全局性决策控制或者进行整理协调管理。

实施层由围绕战略层并接受战略层协调管理的、阶段性参与工程项目局部建设的参与方组成，例如专业分包等。

在工程项目的建设过程中，实施层在不同的阶段可以发生变化，但战略层比较稳定，流动性很小，这样可以使项目组织结构既保持较高的稳定性，又具有一定的柔性。

2）进行合理的任务分工

战略层和实施层的任务分工有很大区别。战略层主要由业主方、设计方和总承包方等智力密集型参与方组成，承担工程项目中重要管理制度和决策的制定或批准，以及负责项目组织协调。实施层通常由专业分包商、咨询方、材料与设备供应商等技术密集型和劳动密集型参与方构成，承担工程项目中具体工作的实施。也即，战略层的主要工作包括了规划、评价和协调，实施层的主要工作是计划、实施、检查和协调。

组织的任务分工首先要明确各方的工作范围，然后明确任务的主要责任方（R）、协助负责人（A）及配合部门（I）。协助方将会参与执行任务，但不对任务负责；配合方则只提供服务（如提供信息），不具体执行任务。组织间的相互协作并不意味着责任模糊，组织职责分工设计必须遵守的原则是每项任务只能有一个主要负责方。

3）构建良好的协同工作方式

BIM协同管理工作方式将不再以抽象和割裂的二维图纸作为项目各参与方间沟通协作的媒介，取而代之的是可视化、参数化和关系型模型。工程项目的协同是跨组织边界、跨地域和跨语言的一种行为，BIM作为工程项目相关信息的载体，整合了地理信息、空间关系和构件属性（包括几何属性、物理属性和功能属性）等信息，使得项目各参与方都可以BIM作为跨组织协同工作的基础，高效完成相关的各项工作。

BIM作为跨组织协同工作的基础包含两方面的含义。首先，BIM为项目各参与方的协同工作提供统一的数据源，提高了建筑产品信息的复用性。BIM作为共享的数据源旨在提高数据的复用性，减少数据冗余和信息传递过程中的错误、疏漏和失真，这也是BIM最大的优势之一。BIM作为信息源的模型不必是最终版本，也可以是工作过程中的模型。其次，BIM为项目各参与方提供了协同工作平台。例如，在设计方与业主沟通时，BIM的可视化特征可以增强业主对设计方案的理解，减少因设计方未表达业主设计意图而产生的变更；在业主与施工单位沟通时，基于BIM进行施工模拟可以帮助业主更好地了解项目施工计划和方案，提高业主对项目进度的可控能力；而在设计方与施工方的合作层面上，基于BIM的冲突检查可以提前发现设计成果的不合理之处，提高设计方案的可建造性。BIM取代图纸成为项目各参与方之间协同工作基础并不是仅仅意味着生产工具的升级，其深层次的含义在于它使传统的基于二维图形媒介的割裂工作方式转变为基于统一产品信息源和虚拟建造方法的协同工作方式。

5.3.3　业主方BIM模型协同管理的组织与流程设计

（1）建立多维的、强关联的组织分工体系

业主方BIM协同管理应将建设项目看成是一个复杂的系统，各参与方间的业务并不存在绝对的界限，而是相互影响，交织成网络。从项目整体上看，施工方作为建筑业供应链下游参与方提前介入项目，将使施工方不再仅仅局限于施工阶段的工作，他们将与业主、设计方共同确定项目的建设目标，探讨设计方案的可建造性，而设计方和业主也将对施工方的工作提供建议，例如，共同分析施工方案和施工计划、确定材料采购的时间等。从各参与方角度上看，各参与方之间需要相互支持，例如，水、暖、电和设备安装人员在

工作过程中需要积极和上游的土建施工人员保持联系紧密合作，同时，也需要考虑下游的装饰人员的工作衔接与安排，为之创造便利的工作界面，形成项目之间彼此依靠的合作关系。这种工作职责的交叉一方面会有利于合作创新，但另一方面也容易导致责任界限模糊不清，但并不意味着责任模糊。

(2) 增加与 BIM 相关的工作岗位和职责分配

业主方的 BIM 协同管理使 BIM 成为项目各参与方协同工作的基础和平台，借助于网络信息，BIM 模型可在任何时间、任何地点被授权人访问和更新，模型的更新和访问频率要比传统信息媒介频繁得多。在这种环境下，保证模型信息交互和共享过程的可靠性、安全性和实时性对 BIM 应用至关重要，这不仅需要技术上的保障，也需要组织管理方面的保障，考虑 BIM 应用引起的岗位职责的变化。目前，很多应用 BIM 的工程项目都设置了专门从事与 BIM 协同管理相关的工作岗位，包括：BIM 经理、BIM 建模员和 BIM 协调员。但在业主方的 BIM 协同管理中，需要增加的工作岗位主要是 BIM 经理和 BIM 协调员。

① BIM 经理。

从理论上讲，BIM 经理主要从事模型管理工作，其任务既可以由项目组织的内部成员来担任，也可以由第三方咨询公司的人员来担任，只要其具备 BIM 经理的基本业务素质并为项目各参与方所认可。BIM 经理需要担负和主导建设生产过程 BIM 应用的任务，需要清楚了解建模过程中可能存在的技术问题和过程障碍，制定出具有可操作性的执行计划；掌握项目的基本情况和任务安排，统筹考虑各方的需求和 BIM 应用经验，为各方提供有针对性的服务。BIM 经理的职务类似于传统项目经理的职位，但其工作内容既包括了对项目的管理，也包括了对 BIM 的管理，一般来说，BIM 经理并不负责具体的建模工作，也不对模型中信息的正确与否进行检查。

② BIM 协调员。

BIM 协调员是为满足 BIM 应用成熟度不高的初期阶段所需设置的工作岗位，是一种过渡时期的岗位，其存在主要是为了解决项目组织缺乏 BIM 应用经验的问题。其主要任务是帮助那些不熟悉 BIM 应用的项目组织使用 BIM，为项目各参与方提供与 BIM 相关的服务。例如帮助现场各参与方学习和掌握如何利用 BIM 进行工作。BIM 协调员需要熟悉 BIM 的应用过程，了解如何引导项目组织以最佳方式应用 BIM。例如，引导项目各参与方利用 BIM 进行沟通交流、利用冲突检查排除施工过程中的潜在问题与风险、利用施工模拟进行项目进度规划等。模型协调人主要对 BIM 在项目中的应用比较熟悉，而对建模过程不需要有深入的了解。BIM 协调员要由有 BIM 应用经验的人来担任。

(3) 业主方 BIM 协同管理的组织分工设计

BIM 应用给项目组织职责分工也带来变化，项目各参与方所承担的职责范围较传统项目有很大差异。例如，各参与方要同业主共同确定项目的建设目标，要为设计方案的可建造性承担一定的责任，要为上游参与方的工作提供必要的信息咨询，业主和设计单位也会对下游参与方的施工计划、采购方案提供建议，这些都是对传统组织任务分工体系的改变。

业主方的 BIM 协同管理中组织分工和各方职能分工十分重要，在工程建设的各个阶段，一般性基于 BIM 的组织分工见表 5.3-3。

序号	阶段	任务		业主方	设计方	施工方	供货方
1.1	设计阶段	建设条件分析	现场建设条件分析	APD	RPE	AP	
1.2			业主需求分析	APD	RPE	AP	
1.3			项目资金安排分析	APDE	RP	AP	
2.1		项目目标定义	可持续性目标	APD	RPE	AP	IP
2.2			功能目标	APD	RPDE	AP	IP
2.3			成本目标	RPDE	APE	APE	IPE
2.4			进度目标	RPED	APE	APE	APE
2.5			质量目标	RPD	APE	APE	APE
3.1		制定 BIM 应用计划	BIM 软件的选择	AP	RPDEC	APE	APE
3.2			BIM 平台的维护与管理	AP	RPDEC	APE	APE
3.3			交互标准的确定	AP	RPDEC	APE	APE
3.4			明确模型要实现的功能	AP	RPDEC	APE	APE
3.5			各阶段模型要达到的深度	AP	RPDEC	APE	APE
3.6			信息交互协议的确定	AP	RPDEC	APE	APE
4.1		制定成本计划	确定不同系统的成本范围	RPDEC	APE	AP	IP
4.2			确定价格基准点	RPDC	APE	AP	IP
4.3			确定价值工程的方法	RPDEC	APE	APE	IP
5.1		制定进度计划	总体进度安排	RPDE	APE	APE	APE
5.2			设计进度安排	APC	RPDE	AP	
5.3			施工进度安排	APC	AP	RPDE	APE
5.4			供货进度安排	APC	AP	PDC	APDE
5.5			4D 信息模型的建立	APC	AP	APDE	IP
6.1		制定质量控制计划	设计质量控制计划	APC	RPDE	AP	IP
6.2			施工质量控制计划	APC	AP	APDE	IP
6.3			材料质量控制计划	APC	IP	RPDEC	RPDE
7.1		设计任务	设计方案的提出	AP	RPDE		
7.2			设计方案的比选	APD	RPDE	AP	IP
7.3			创建图纸		RE		
7.4			设计方案分析	APE	RPDE	APE	
7.5			设计方案报审	RE	AE		
8.1		招标与采购	设计方、施工方的选择	RPDE			
8.2			设计分包单位的选择	AP	RPDE		
8.3			分包商的选择	AP		RPDE	
8.4			材料供应商的选择	AP		RPDE	

序号	阶段		任务	业主方	设计方	施工方	供货方
9.1	施工阶段	施工过程	制定施工计划	APC	AP	RPDE	RPE
9.2			对分包单位的协调与管理	AP	AP	RPDE	AE
9.3			施工现场的管理	AC		PRDE	AE
9.4			设计变更的管理	APC	AD	RPE	
9.5			施工进度的控制	AC		RPDE	APE
9.6			工程事故的处理	AC		RPDE	
9.7			工程质量的控制	AC		RPDE	APE
9.8			工程投资的控制	AC		RPDE	
9.9			BIM平台的维护与管理	AP		RPDEC	
9.10			BIM模型的补充与完善	A	AC	APDE	
10.1		竣工交付	实体设施验收	AC	I	RE	
10.2			竣工资料验收	AC	AE	RE	
10.3			BIM竣工模型验收	AC	A	RE	
10.4			设施试运行	RE		A	

注：R-主要负责方；A-协助负责方；I-配合方；P-计划；D-决策；E-执行；C-检查。

在进行组织分工设计前，还需要考虑项目的单件性特征对组织分工的影响。每个项目在项目类型、合同模式、采购内容、生产流程及管理方式上都具有独特性。如果其他项目与上表的说明有所出入，可根据项目实际情况进行灵活调整。例如：对传统的DBB承发包模式而言，下游参与方难以参加项目的前期决策任务，可在前提聘请专业顾问提供下游的可建造性知识，作为前期决策的支撑；如果项目没有使用预制构件，供货方则不需要参与BIM应用计划的制定，项目的组织分工可以做空缺处理；BIM协同管理也并不一定按照上述模式进行分工管理，项目可以根据实际情况选择由设计方或施工方中的乙方持续担任BIM经理一职，或聘请项目组织外的第三方担任；如果项目对设计总包单位及施工总包单位的选择是分别进行，那么可根据项目的情况先确定设计单位，然后再选择施工单位。

（4）建立适应项目特点的流程设计

工程项目是由许多项目联系、相互依赖和相互影响的活动组成的行为系统，具有系统的相关性与整体性特点，系统的功能通常是通过项目各单元之间的相互租用、相互联系和相互影响来实现的。要高效地完成工程项目，有必要深刻地认识到建设过程中所固有的规律，加强项目组织间的合作。业主方BIM协同管理的组织设计应以项目整体为系统，以各参与方合作为基础去解决建设过程中存在的问题，打破传统组织系统中的组织边界，重新设计工作与组织架构，形成前后衔接、相互支援的组织系统。图5.3-5展示了BIM模型的交互流程。

5.3.4　业主方基于BIM协同平台与软件的基本类型

目前，业主方基于BIM协同的平台/软件，主要分为两类：第一类是以BIM信息协

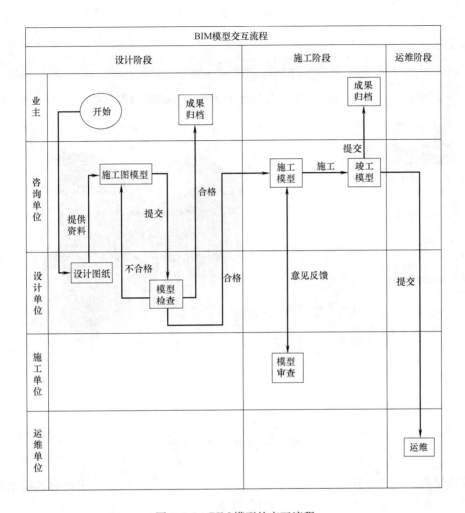

图 5.3-5　BIM 模型的交互流程

作为主的平台/软件；第二类是以 BIM 模型进行项目管理为主的平台/软件。

(1) 以 BIM 信息协作为主的平台/软件

以 BIM 为主的协同平台/软件，为了重点突出 BIM 的使用价值，以项目实际使用需求为导向，以 BIM 相关软件能实现的功能为核心，通过在 BIM 相关软件上添加其他功能模块，形成 BIM 协同平台/软件。

它的特点是：为需求而开发，容易被接受与使用；功能简单，重点突出，每个模块都含有与 BIM 互动的功能；缺乏管理体系理念。

相关平台或软件多以国外产品的为主，在本章前两节中已有相关介绍，目前国内的业主方基于 BIM 协同平台与软件多为二次开发产品，主要有 BIM 云服务平台软件、BIM-GO、某公司 Q 系列工程协同应用系统等，简单介绍如下：

1）云服务平台

BIM 云服务平台（图 5.3-6）目的在于实现对建筑工程全生命周期的监管，及时、透明、全面地让设计方、施工方、业主掌握项目情况；平台应用无时间、地域和专业限制；

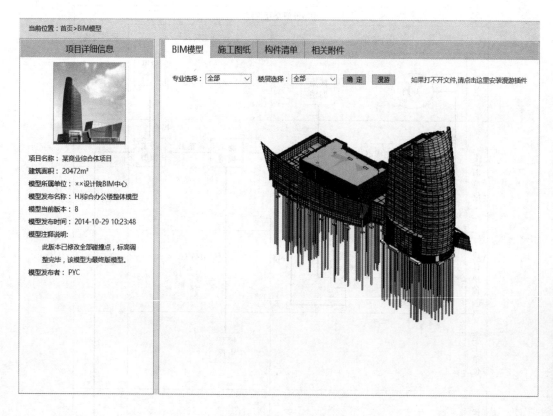

图 5.3-6　BIM 云服务平台

便捷的应用方式，轻松打通 BIM 应用各环节；此外，平台实现了基于网页的模型查看，图纸查看，构件清单，其他文档查询查看等功能。

2）BIMGO

BIMGO 是一个专门为建筑和工程领域所设计的云端信息协作平台。其主要功能为文档的上传、保存。其中包括：①文档管理模块：整理归类众多的文件，通过关键词文件搜寻功能，快速地找到所需的档案。②组织专案管理模块：业主、设计、施工、监造、运营，各参与方可以在 BIMGO 系统中达成云协同，提升建筑工程业控管与工作绩效。③通讯联络模块：可靠即时的通讯功能，确保送出的文档或邮件对方立即收到，不会因为附档太大而无法传输邮件。④时程管理模块：在看板上张贴每一个工作与咨询，来进行任务流程进度与时间的管理。

3）某公司 Q 系列工程协同应用系统

某公司工程协同应用系统是以工程建设生产型数据（建筑信息模型 BIM）管理和扩展使用为主要目的而推出的互联网数据服务产品。产品包含三大功能模块，主要有：①设计协调模块：用户可以将三维场景内看到的内容进行截图和标注，并插入到讨论主题内。设计协调与当前流行的微博等社交工具类似。②工程报表模块：对当前工程数据库内构件的信息以表格的方式进行呈现。③文档管理模块：对当前工程相关的文档资料进行网络共享，与 BIM 中的三维构件进行关联，以便日后进行查找和定位。

（2）以 BIM 模型进行项目管理为主的平台/软件。

以 BIM 模型进行项目管理为主要的平台/软件。协同平台，依据美国项目管理学会（PMI）编写的《项目管理知识体系指南》（PMBOK®指南）中的五个过程和十大知识领域，通过加入 BIM 而形成 BIM 协同平台/软件，如图 5.3-7 所示。主要的特点是：先进、完整的管理体系；功能全面，各模块间具有联动性；但与国内项目管理的方式有差异，功能需要"本土化"。

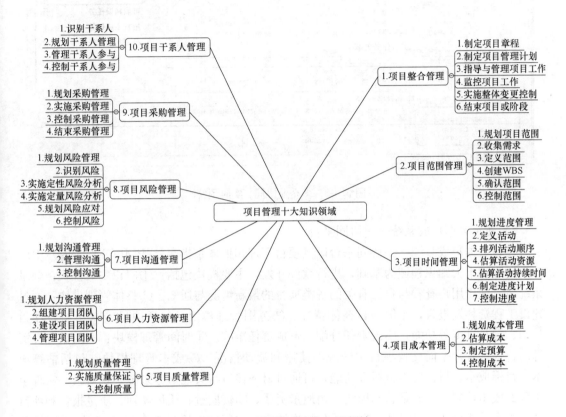

图 5.3-7　项目管理十大知识领域

国内相关软件主要有某公司的云服务平台和建筑数据集成系统——协同平台等，简单介绍如下：

1）云服务平台

云服务平台（图 5.3-8）是某公司开发的一系列管理型软件平台的总和，系列管理软件平台业务上覆盖了建筑管理的全过程。该生态系统内的各个管理软件既可以独立运行，又可以组合起来联合应用，发挥更大效用；系列平台间的数据及资源可连通共享，并形成生态大数据运行集循环整体。

主要的功能模块有：建设项目形象站模块（门户、登录入口）、成本管理模块（核心）、进度管理模块（主线）、合同管理模块（动态）、招标采购管理模块（阳光）、项目 OA 模块（沟通）、组织项目建设档案模块、质量安全模块（标准）和 BIM 模型模块（直观）等。

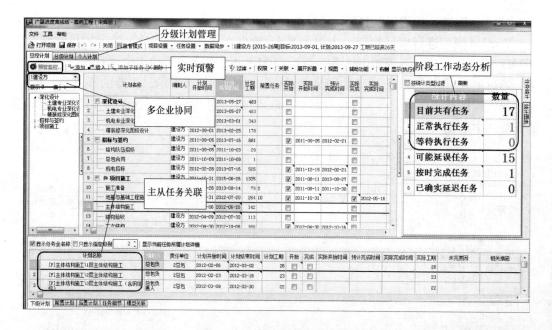

图 5.3-8　多企业协同、实时预警

2) 建筑数据集成系统——协同平台

建筑数据集成系统——协同平台以《项目管理知识体系指南》(PMBOK®指南) 中的五个过程和十大知识领域为基础,进行软件开发。主要模块包括:①门户主页模块:登录系统后,便于用户查看与自己有关的各类项目的最新情况与通知。②整体管理模块:通过建设工程资料及报告,了解项目整体情况。③范围管理模块:包括项目 wbs 分解,项目计划、项目进度等功能,实现责任分配,形成责任矩阵。④时间管理模块:实质是各类资源的合理配置,全面反映项目中资源的使用和流动情况。⑤成本管理模块:包括估算成本、目标成本、目标成本分析等功能,可通过财务接口与其他财务系统实现对接。实现全过程的成本控制。⑥质量管理模块:由质量资质、物资质量、质量规划、质量报告和项目质量查询功能构成,通过建立项目质量标准体系,进行项目质量管理规划和对项目/任务/交付成果的质量检验。⑦人员管理模块:面对公司内部人员的项目通讯录,通过分组,分职位等对项目相关人员进行分权管理。⑧沟通管理模块:包括即时消息,邮件消息,消息流程制定,项目通知,项目公告等。⑨风险管理模块:系统提供的风险分析功能,科学地分析和预测项目中存在的风险。⑩采购管理模块:主要是解决工程项目中物资设备的供应管理问题,包括供应商管理、采购计划、采购业务等功能。⑪干系人管理模块:面对公司外部人员的项目通讯录,通过分组,分职位等对项目相关人员进行分权管理。

以上为项目管理中的 11 大知识领域管理。另针对国内情况、业主情况,还可以根据需求,设置以下模块:①合同管理模块:通过拟订合同、合同模版、合同信息、合同拨款、合同拆分、合同变更、合同索赔、合同转让管理、全面管理各类业务,十几种合同报表从不同的角度和层次,动态反映合同执行情况。②销售管理模块:在项目建设的同时,对前台接待、客户档案、销售、收费及后台管理实施全面管理。③BIM 管理模块:通过

BIM 模块实现项目现场 3D 模型的查看。通过虚拟模型与实际现场情况的对比（进度对比，成本对比等），调整项目的计划安排；辅助业主对建筑空间及布局进行决策；辅助项目会议讨论，使得相关人员不用去现场，即可对项目节点部位进行针对性讨论。④绿建模块：通过已建立的三维模型，进行各种建筑功能分析，以减少重复建模的工作，保证数据的准确性。可直接输出用于中国三星、LEED 和 BREAAM 认证所需的报表，也可查看绿建申报工作的进度情况。

第6章　BIM 的扩展综合应用

6.1　软件集成开发管理

计算机软件是与计算机系统操作有关的程序、规程、规则及任何与之有关的文档和数据。它由两部分组成：一是机器可执行的程序及有关数据；二是机器不可执行的、与软件开发、运行、维护、使用和培训有关的文档。软件是逻辑产品而不是物理产品，因此，软件在开发、生产、维护和使用等方面与硬件相比均存在明显的差异。软件开发与硬件开发相比，更依赖于开发人员的业务素质、智力以及人员的组织、合作和管理。

随着计算机软件的发展，软件的逻辑越来越复杂，规模越来越庞大。由于软件是逻辑、智力产品，盲目增加软件开发人员并不能成比例地提高软件开发能力。20 世纪 60 年代末至 20 世纪 70 年代的软件危机，促使人们开始探索用工程的方法进行软件生产的可能性，即用现代工程的概念、原理、技术和方法进行计算机软件的开发、管理、维护和更新。催生了计算机科学技术的一个新领域——"软件工程"。迄今为止，软件工程的研究与应用已经取得很大成就，它在软件开发方法、工具、管理等方面的应用大大缓解了软件危机造成的被动局面。

当今软件开发呈现一些新特点：团队并行开发，基于模型的软件开发，迭代增量开发等，开发过程越来越复杂，以 UML 为基础的软件产品标准化，多种开发工具的数据集成和数据管理机制成为软件成功开发的保障。

6.1.1　软件开发的一般程序和步骤

软件生命期是指软件产品从形成概念开始，经过定义、开发、使用和维护，直到最后被废弃为止的全过程。按照传统的软件生命周期方法学，可以把软件生命期划分为软件定义、软件开发、软件运行和维护三个阶段。

(1) 软件定义时期

软件定义包括可行性研究和详细需求分析过程，任务是确定软件开发工程必须完成的总目标。具体可分成问题定义、可行性研究、需求分析等。

问题定义是人们常说的软件的目标系统是什么，系统的定位以及范围等。也就是要按照软件系统工程需求来确定问题空间的性质，说明是一种什么性质的系统。软件系统的可行性研究包括技术可行性、经济可行性、操作可行性和社会可行性等，确定问题是否有解，解决办法是否可行。需求分析的任务是确定软件系统的功能需求、性能需求和运行环境的约束，写出软件需求规格说明书、软件系统测试大纲、用户手册概要。功能需求是软件必须完成的功能；性能需求是软件的安全性、可靠性、可维护性、结果的精度、容错性、响应速度和适应性等；运行环境是软件必须满足运行环境的要求，包括硬件和软件平台。

需求分析是重要的，然而又是困难的。作为开发者，要充分理解用户的需求，并以书面形式写出规格说明书，这是以后软件设计和验收的依据；困难的地方是，由于软件系统的复杂性，作为用户也很难一次性说清楚系统应该做什么。因此，需求分析也就十分艰巨，它要完成大量工作。

(2) 软件开发时期

软件开发时期就是软件的设计与实现，可分为概要设计、详细设计、编码、测试等。

概要设计是在软件需求规格的说明的基础上，建立系统的总体结构和模块间的关系，定义功能模块及各功能模块之间的关系。详细设计对概要设计产生的功能模块逐步细化，把模块内部细节转化为可编程的程序过程性描述。详细设计包括算法与数据结构、数据分布、数据组织、模块间接口信息和用户界面等设计，并写出详细设计报告。编码又称编程，编码的任务是把详细设计转化为能在计算机上运行的程序。测试可分成单元测试、集成测试、确认测试和系统测试等。通常把编码和测试称为系统的实现。

(3) 软件运行和维护

软件运行就是把软件产品移交给用户使用。软件投入运行后的主要任务是使软件持久满足用户的要求。软件维护是对软件产品进行修改或对软件需求变化做出响应的过程，也就是尽可能地延长软件的寿命。当软件已没有维护的价值时，宣告退役，软件生命随之宣告结束。

软件开发各个阶段之间的关系不可能是顺序的、线性的，相反，应该是带有用户反馈意见的迭代过程。这种过程用软件开发模型表示。软件开发模型给出了软件开发活动各阶段之间的关系。它是软件开发过程的概括，是软件工程的重要内容。它为软件工程管理提供进程碑和进度表；为软件开发过程提供原则和方法。

软件开发模型大体上可分为三种类型。第一种是以软件需求完全明确为前提的瀑布模型；第二种是在软件开发初始阶段只能提供基本需求时采用的渐进式开发模型，如原型模型、螺旋模型等；第三种是以形式化开发方法为基础的变换模型。实践中经常将几种模型组合使用，以便充分利用各种模型的优点。

6.1.2　BIM应用开发需求分析的方法

需求分析过程应该由系统分析员、软件开发人员与用户共同完成，反复讨论和协商，并且逐步细化、一致化、完全化等，建立一个完整的分析模型。需求分析工作完成后要提交软件需求规格说明。内容可以有系统或子系统名称、功能描述、接口、基本数据结构、性能、设计需求、开发标准、验收原则等。

需求分析可分为问题分析、需求描述及需求评审三个阶段。

(1) 在问题分析阶段，分析人员通过对问题及环境的理解、分析和综合，清除用户需求的模糊性、歧义性和不一致性，并在用户的帮助下对相互冲突的要求进行折衷。在这一阶段，分析人员应该将自己对原始问题的理解与软件开发经验结合起来，以便发现哪些要求是由于用户的片面性或短期行为所导致的不合理要求，哪些要求是用户尚未提出但具有真正价值的潜在需求，并且有必要为原始问题及其软件建立模型。这种模型一方面用于精确记录用户从各个视点、在不同抽象级别上对原始问题及目标软件的描述；另一方面，它也将帮助分析人员发现用户需求中的不一致性，排除不合理的部分，挖掘潜在的用户需求。它是形成需求规格说明、进行软件设计与实现的主要基础。

（2）需求描述阶段的主要任务是，以需求模型为基础，考虑到问题的软件可解性，生成需求规格说明和初步的用户手册。需求规格说明包含对目标软件系统的外部行为的完整描述、需求验证标准以及用户在性能、质量、可维护性等方面的要求。用户手册则包括用户界面描述以及有关目标软件使用方法的初步构建。在生成这两个文档的过程中，分析人员应该严格遵循既定规范，做到内容全面、结构清晰、措辞准确、格式严谨。

（3）在需求评审阶段，分析人员要在用户和软件设计人员配合下对自己生成的需求规格说明和初步的用户手册进行复核，以确保软件需求的全面性、精确性和一致性，并使用户和软件设计人员对需求规格说明及用户手册的理解达成一致。

必须指出，分析活动并不一定在时序上严格遵循上述三个步骤。事实上，对于大型软件的开发项目，分析人员往往先对问题的某些子系统进行问题分析、需求描述及需求评审，在求得对子系统的透彻理解后再对其他子系统进行分析，进而构筑整个系统的需求模型。

为了完成需求分析的任务，分析人员必须掌握一些基础的技术，包括初步需求获取技术、需求建模、问题抽象与问题分解、多视点分析以及用于需求分析的快速原型技术。分析人员一般以个别访谈或小组会议的形式开始与用户进行沟通。分析人员应该精心准备一系列问题，通过用户对问题的回答获取有关问题及环境的知识，逐步理解用户对目标软件的需求。除访谈和会议之外，如果可能的话，实际观察用户的手工操作过程也是一种行之有效的需求获取方式。在实际观察过程中，分析人员必须切记：建造软件系统不仅仅是为了模拟手工操作过程，还必须将最好的经济效益、最快的处理速度、最合理的操作流程和最友好的用户界面等作为软件目标。另外，由用户和开发人员共同组成联合小组也是解决需求分析中分析人员知识领域障碍的有效途径。

6.1.3 软件系统架构设计

软件架构是一组有关如下要素的重要决策：软件系统的组织，构成系统的结构化元素，接口和它们相互协作的行为的选择，结构化元素和行为元素组合成粒度更大的子系统的方式的选择，以及指导这一组织（元素及其接口、协作和组合方式）的架构风格的选择。

软件架构是对系统整体结构设计的刻画，包括全局组织与控制结构，构件间通讯、同步和数据访问的协议，设计元素间的功能分配、物理分布、设计元素集成、伸缩性和性能、设计选择等。软件架构还包括管理架构、过程架构以及质量保证架构等一系列问题的研究。

基于系统架构的软件设计方法是系统体系结构驱动的，即由构成体系结构的商业、质量和功能需求组合驱动的。设计活动可以从项目总体功能框架明确就开始，这意味着需求抽取和分析还没有完成，就开始了软件设计。该方法有三个基础。第一个基础是功能的分解。在功能分解中，使用已有的基于模块的内聚和耦合技术。第二个基础是通过选择体系结构风格来实现质量和商业需求。第三个基础是软件模板的使用。软件模板利用了一些软件系统的结构。基于系统架构的软件设计方法是递归的，且迭代的每一个步骤都是清晰定义的。因此，不管设计是否完成，体系结构总是清晰的，这有助于降低体系结构设计的随意性。

传统的软件开发过程可以划分为从概念直到实现的若干个阶段，包括问题定义、需求分析、软件设计、软件实现及软件测试等。传统软件开发模型存在开发效率不高，不能很好地支持软件重用等缺点。基于系统架构的软件设计模型把整个过程划分为体系结构需求、设计、文档化、复审、实现和演化等6个子过程（图6.1-1）。

软件体系结构设计的一个核心目标是重复的体系结构模式，即达到体系结构级的软件重用。也就是说，在不同的软件系统中，使用同一体系结构。基于这个目的，主要任务是研究和实践软件体系结构的风格和类型问题。软件体系结构风格是描述某一特定应用领域中系统组织方式的惯用模式。经典的软件体系结构风格有：管道和过滤器、数据抽象和面向对象组织、事件驱动系统、分层系统、仓库系统及知识库、C2风格，另外还有客户/服务器风格、三层C/S结构风格、浏览器/服务器风格等。

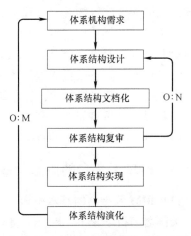

图 6.1-1　软件设计模型的基本过程

6.2　BIM 与其他 ICT 的应用整合

6.2.1　云计算与大数据的 BIM 应用背景

建筑业是一个包含建筑勘测、设计、施工、装饰装修等多个专业的行业，建设项目全生命周期内（包括建设前期的调研、策划、需求分析、选址，设计方案选择，施工和运维管理）会产生大量的结构化和非结构化数据，传统的管理技术手段不能充分地处理和利用工程项目积累的海量数据，BIM 技术的出现将使得这一状况有很大改观。BIM 模型储存了建筑构件、建筑空间及设备的完整数据信息，其基于多维度的结构化能力在海量数据的承载方面表现优异，数据的存储、计算和可追溯能力都明显加强，在大幅提升工作效率和工作质量的同时减少了建设项目各参与方之间的协调困难问题。

当前，国内在建筑行业广泛推行 BIM 技术，在 BIM 技术支撑下建设的高层、超高层建筑及大型基础设施项目层出不穷。从城市建设管理部门角度来讲，BIM 项目审批、管理、备案等过程中，BIM 具有大数据特征，包括 BIM 的超大数据量，BIM 信息的空间分割与分层特性，以及 BIM 应用的大用户访问量，高扩充性等。BIM 技术可以把存储在城市建设档案库中海量的工程蓝图、CAD 电子图纸，以及过去、现在、将来城市建设中的工程数据进行加工，形成数据库促进建筑全生命周期内的数据信息共享，这给当前的计算机软硬件及应用平台带来了巨大的挑战且如此大规模的数据应用只能借助于云平台来实现。

传统的 BIM 基础平台（单机模式、文件共享模式）应用存在着使用成本高、数据安全性差、管理复杂等问题。同样的模型数据在不同软件系统中以不同形式进行描述，而不同软件只能完成建筑物开发过程中的某一个阶段所需的功能，数据在这些异构的软件系统中进行传递的时候很可能发生信息丢失且对计算机系统的运行效率造成很大压力。如果 BIM 软件系统支持在云端运行，云计算技术通过把可以并行处理任务动态分配到多个虚拟的计算设备上，然后再通过具体软件系统特定的归约程序，把运算结果整合在一起，将会很大程度上提高运算效率。云计算时代的计算模式将为 BIM 系统的发展带来更为广阔的空间，设计人员将能够更高效地利用计算资源开展工作，节约设计和沟通的成本，建筑业将能实现更为低碳环保的目标。

6.2.2　BIM 云平台的概念与基本原理

(1) BIM 云平台的基本概念

美国著名科学家 Ian Foster 将云计算定义为"云计算是由规模经济拖动，为互联网上的外部用户提供一组抽象的、虚拟化的、动态可扩展的、可管理的计算资源能力、存储能力、平台和服务的一种大规模分布式计算的聚合体"。加利福尼亚大学在《伯克利云计算白皮书》一书中则对云计算做了如下的解释：云计算包括互联网上各种服务形式的应用以及这些服务所依托数据中心的软硬件设施，这些应用服务一直被称作软件即服务，而数据中心的软硬件设施就是所谓的云。

BIM 云平台是针对 BIM 应用的云平台，该平台利用虚拟化技术将 BIM 应用所需要的图形工作站、高性能计算资源、高性能存储以及 BIM 软件部署在云端，地端的用户借助终端电脑通过网络连接到云平台，就可以在上面进行 BIM 相关工作。

(2) BIM 云平台的基本原理

BIM 云平台的基本原理是借助地端电脑将操作指令通过网络传送到云端服务器，经过云端服务器的处理，将用户操作后的图像优化压缩再传回地端显示的过程，地端电脑不参与到计算中。

BIM 云平台集合了 BIM 相关软硬件资源并将整合后的资源通过网络以服务的方式提供给用户。云端共享让人们可以不受限制地获取信息实现了资源的高效合理利用；让团队成员实现更好地跨专业协同与共享；降低了软硬件的购置成本及管理、维护成本；云平台在安全性、业务连贯性上的要求也可以转移到云端服务商的身上。此外，由于云端服务器不是由单一的服务器构成的，而是将多个服务器通过并行的方式整合起来，因此更易于后续的扩展以满足应用和用户量规模的增长需要。而各类 BIM 应用以云计算为枢纽，BIM 数据统一存储在云端并与所有 BIM 应用软件共享，从而形成跨业务、跨岗位、跨软件的数据协同，形成基于 BIM 和云技术的协同解决方案。

6.2.3　BIM 与 RFID 的应用整合

(1) 基本概念

射频识别（Radio Frequency Identification，RFID）技术是一种无线通信技术，可以通过无线电讯号识别特定目标并读写相关数据，而无需识别系统与特定目标之间建立机械或者光学接触。RFID的基本工作原理是标签进入磁场后，接收解读器发出的射频信号，凭借感应电流所获得的能量发送出存储在芯片中的产品信息（Passive Tag，无源标签或被动标签），或者主动发送某一频率的信号（Active Tag，有源标签或主动标签）；解读器读取信息并解码后，送至中央信息系统进行有关数据处理。以简单RFID系统为基础，结合已有的网络技术、数据库技术、中间件技术等，构筑一个由大量联网的阅读器和无数移动的标签组成的物联网，已成为RFID技术发展的趋势。

（2）BIM与RFID技术集成应用

现代信息管理系统中，BIM与RFID分属两个系统——施工控制和材料监管。将建筑材料、构配件的位置信息和进度信息嵌入到数据标签中，运用RFID技术可以对材料、构配件进行追踪，将BIM和RFID技术相结合，建立一个现代信息技术平台可以实现施工现场构件的制作、吊装、入场和现场管理。

在BIM模型的数据库中添加两个属性——位置属性和进度属性，使我们在软件应用中得到构件在模型中的位置信息和进度信息，具体应用如下：

1）构件制作、运输阶段。以BIM模型建立的数据库作为数据基础，RFID收集到的信息及时传递到基础数据库中，并通过定义好的位置属性和进度属性与模型相匹配。此外，通过RFID反馈的信息，精准预测构件是否能按计划进场，做出实际进度与计划进度对比分析，如有偏差，适时调整进度计划或施工工序，避免出现窝工或构配件的堆积，以及场地和资金占用等情况。

2）构件入场、现场管理阶段。构件入场时RFID Reader读取到的构件信息传递到数据库中，并与BIM模型中的位置属性和进度属性相匹配，保证信息的准确性；同时通过BIM模型中定义的构件的位置属性，可以明确显示各构件所处区域位置，在构件或材料存放时，做到构配件点对点堆放，避免二次搬运。

3）构件吊装阶段。若只有BIM模型，单纯地靠人工输入吊装信息，不仅容易出错而且不利于信息的及时传递；若只有RFID，只能在数据库中查看构件信息，通过二维图纸进行抽象的想象，通过个人的主观判断，其结果可能不尽相同。BIM-RFID有利于信息的及时传递，从具体的三维视图中呈现及时的进度对比和成本对比。

结合BIM技术与RFID技术，可以避免装配式建筑在施工过程中的"错、漏、碰、缺"。随着建筑工业化不断推进，预制构件将成为趋势，基于BIM与RFID技术集成的建筑施工过程管理方案将有助于提升装配式建筑施工过程管理水平。

6.2.4　BIM与物联网的应用整合

（1）基本概念

2005年，国际电信联盟（International Telecommunication Union，ITU）在突尼斯举行的信息社会峰会上发布的《ITU互联网报告2005：物联网》中，正式提出了物联网的概念，即：通过二维码识读设备、射频识别（RFID）装置、红外感应器、全球定位系统和激光扫描器等信息传感设备，按约定的协议，把任何物品与互联网相连接，进行信息交换和通信，以实现智能化识别、定位、跟踪、监控和管理的一种网络。

物联网有三个应用层次：一是传感网络，即以二维码、RFID、传感器为主，实现"物"的识别；二是传输网络，即通过现有的互联网、广电网络、通信网络等实现数据的传输与计算；三是应用网络，即输入输出控制终端，可基于现有的手机、个人电脑、平板电脑等终端进行。

（2）BIM 与物联网的集成原理

BIM 是建筑的数字化模型，是建筑实体的虚拟再现，仅仅依靠 BIM 无法将模型与实体建筑联系起来，不能实现对实体整个建筑生命周期的管理。物联网可以把建筑物及空间内各个物体标签化，可识别化，对所关心的因素依托底层的传感器网络进行监控，从而实现对建筑结构、空间和内部设备的集中监管，但物联网无法进一步获取物体更详细的信息，这些信息需要从 BIM 模型中获取，这样 BIM 与物联网具有较强的互补性。BIM 与物联网集成应用中，BIM 担当上层信息集成、交互、展示和管理的作用，而物联网技术承担的是底层信息感知、采集、传递、监控的作用。两者的集成应用实现了建筑生命期全过程的"信息流闭环"，是虚拟信息化与实体环境硬件之间的有效结合。

BIM 是物联网应用的基础数据模型，是物联网的核心和灵魂。BIM 与物联网技术集成应用，不但为建筑物实现三维可视化的信息模型提供了技术支持，更为建筑物的所有构配件和设备赋予了感知能力和生命力，从而将建筑物的运行维护提升到智慧建筑的全新高度。

（3）BIM 在建设智慧城市中的作用

2014 年《国家新型城镇化规划（2014～2020 年)》正式下发，其中有关智慧城市的内容更是引起业内人士的广泛关注。智慧城市建设过程中的重要一环就是信息化建设，目的是使建筑物在建造过程中以及建成以后形成智慧化、互联化，并达到相互协同。BIM 技术贯穿建设的全过程，可以支撑建设过程的各个阶段，实现全程信息化、智能化。因此可以说，智慧城市是一个有机的整体，而 BIM 技术就是保证各部门协调、配合的关键要素。

从 BIM 技术应用实践中可以看出，单纯的 BIM 应用越来越少，更多的是将 BIM 技术与其他专业技术、通用信息化技术、管理系统等集成应用，以期发挥更大的综合价值。建筑信息模型（BIM）技术的出现和发展，一方面为工程设计建造领域带来了新的革命，另一方面为建筑空间的数字化提供了技术途径。基于 BIM 的智慧运维系统可以帮助管理人员进行设备远程监控、隐蔽工程检查、运维数据积累与分析等工作。运用 BIM 理念完成的项目工程具备一致性的建筑及设施信息为建设数字城市提供了基础数据，在规划审批及建筑施工完成后的城市管理、地下工程、应急指挥等领域广泛应用，更是为智慧城市建设的信息化、智慧化提供了第一手的资料。

6.2.5　BIM 与 ERP 的应用整合

当前工程项目精细化管理最大难题在于：一是难以实时提供项目管理各条线所需的基础数据；二是各条线工作协同困难。随着数字建造核心技术 3D 建模和 3D 计算技术的成熟和实用化，以建筑信息模型（BIM）为交互对象的数字建造技术越来越得到广泛的应用，ERP 与 BIM 结合应用将为提高工程项目管理水平创造巨大价值。

（1）基本概念

企业资源计划（Enterprise Resource Planning，ERP），是由美国著名的计算机技术咨询和评估集团 Garter Group Inc 提出的一整套基于制造资源计划面向供应链管理思想的企业管理系统体系标准，该体系标准是整合了企业管理理念、业务流程、基础数据、人力物力、计算机硬件和软件于一体的企业资源管理系统。

建筑领域里从全生命周期的角度来看，ERP 必须具有整合开发规划团队、设计顾问团队、建筑施工团队及业主运营团队等多个参与方工作流程的能力，而在每个阶段的任务目标不同、参与方不同，执行流程也会不同，因此建立建筑领域里的 ERP 是一个艰辛复杂的任务。

（2）BIM 与 ERP 集成应用

当前国内建筑业生产力水平依然很低，存在管理粗放，进度成本控制困难等诸多问题。不同于制造业企业，建筑企业各子公司、项目部具有分散作业、异地作业、流动性大等特点，建设现场缺乏有效的工具和方法为企业管理提供实时工程基础数据，此外工程变更和现场技术文件发布相当频繁，数据、信息的传递若不能实时同步，因此发生差错、延误工期的后果非常严重。承包商从提高项目管理水平角度试图借助 ERP、MIS 信息系统辅助施工现场与公司的信息协调，但实施过程中因系统不能提供精确的工程实物量数据，因此收效甚微。BIM 模型包含了建设项目全生命周期的信息，BIM 系统能够完成工程基础数据的采集工作，使项目管理事先控制能力和共享协同能力得到提高。工程开始前，由专门授权的项目技术人员建立初步的 BIM，随着工程的建造过程，BIM 创建的数据量逐步增加，管理和共享的数据量也越来越大。各项目管理岗位都可以实时调用最新的 BIM 数据，用于项目管理所需。

从企业角度看，BIM 可以作为整合项目各参与方信息的平台，顺利地实现各参与方之间的协调，减少了沟通障碍；在 BIM 基础上进行扩展，对技术措施方案（大型施工设备、脚手架布置等）建模，加上 BIM 的时间维，可以进行全建设过程虚拟，给施工技术方案的评价、现场交底、招投标技术方案表现带来价值。从承包商角度看，当材料员进行采购时，BIM 提供了精确的材料使用计划，使得材料采购、使用等过程一目了然。项目经理的经营生产决策同样基于基础数据，工期排定，人、机、物调度均以工程量数据为基础决策，BIM 的应用对快速决策和决策准确性起到关键性作用。

6.2.6 BIM 与 GIS 的应用整合

（1）BIM 与 GIS 集成原理

BIM 与 GIS 集成已经成为国际学术界和工业界的前沿技术。BIM 与 GIS 的集成方法包括两种：数据集成方法、系统集成方法及应用集成方法。主流的 BIM 与 GIS 数据集成方法分为以下三类：

1）将 GIS 数据集成到 BIM 中，即一般采用扩展 BIM 的方式使之支持 GIS 的显示拓扑表达、多层次模型等，这种集成通常应用于宏观应用。

2）将 BIM 数据集成到 GIS 中，通过建立 BIM 与 GIS 类的映射关系，对于 GIS 不包含的 IFC 类型、属性、规则，扩展 GIS 相关类型，实现 BIM 与 GIS 的集成，这种集成方式通常用于微观应用如建筑选址、室内导航。

3）采用第三种或自定义模型架构集成 BIM 与 GIS 信息，即采用语义网等方式，建立涵盖 BIM 与 GIS 的全部信息的新信息模型，同时建立相应的映射关系，实现 BIM 与 GIS 的信息集成。

系统集成方法是指在软件系统层面上实现集成，系统集成主要分为四类：基于数据库的系统集成、基于网络服务的系统集成、基于数据接口的系统集成及基于中性文件的系统集成。应用集成方法是指 BIM 数据和 GIS 数据既不在数据级别集成也不在系统间共享，而是采用其他的方式进行信息交互。

BIM 与 GIS 集成应用的核心价值体现在能提高长线工程和大规模区域工程的管理能力，增强大规模公共设施的管理能力，拓宽 BIM 应用功能，拓宽和优化 GIS 应用功能，进一步促进建设行业信息化发展。

（2）BIM 与 GIS 集成应用

BIM 是以建筑物的三维数字化为载体，以建筑物全生命周期（设计、施工建造、运营、拆除）为主线，将建筑生产各个环节所需要的信息关联起来，所形成的建筑信息集。三维地理信息系统（3DGIS）基于空间数据库技术，面向从微观到宏观的海量三维地理空间数据的存储，管理和可视化分析应用，支持大范围的空间数据集，从而可以用于支撑对大规模工程的协同分析和共享应用。BIM 和 GIS 的集成可以深化多领域的协同应用，如城市和景观规划、建筑设计、旅游和休闲活动、3D 地籍图、环境模拟、热能传导模拟、移动电信、灾害管理、国土安全、车辆和行人导航、训练模拟器、移动机器人、室内导航等。还可实现从几何到物理和功能特性的综合数字化表达，从各专业分散的信息传递到多专业协同的信息共享服务，从各阶段独立应用到设计、施工、运行与维护全生命周期共享应用。

近年来关于 BIM 与 GIS 集成应用的研究很多，在建筑供应链管理方面，将 BIM-GIS 技术应用于建筑供应链可视化中可以有效监控物流过程和空间布置过程，通过建立建筑供应链可视化模型并对其进行信息流动分析、建筑构件属性分析、成本监控分析和物料监控分析，从而减少物料的交付时间和供应链的运行成本，增强了建筑供应链的整体竞争力。

在基础设施建设方面，将 BIM 和 GIS 结合起来，利用移动数据采集系统提供道路养护检测所需要的数据，再通过利用统一的数据标准，实现地理设计和 BIM 相结合，在此基础上建立基于 BIM 的交通设施资产及运营维护管理系统。

在室内导航方面，通过结合 BIM、GIS 技术，央视大楼室内导航系统可为人员快速的跨楼层导航，同时可模拟突发事件，实现预演疏散路线，大大降低了灾害引起的突发事件引起的人员伤亡。

在公共设施服务行业，作为一款主流的三维地理信息系统平台，Skyline 可在三维平台上实现 BIM 模型的量测、查询、分析、自由漫游，Skyline 以其强大的功能，可不受限制地打开浏览 BIM 模型，两者的结合将实现城市彻底的数字化，为"有始无终"的智慧城市的建设奠定可持续发展的基础。

6.2.7 BIM 与移动设备的应用整合

移动与无线技术让我们能接触到现代生活层面的大众信息，同时也增强建筑行业中的信息环境。移动技术将提供一个检索、收集、更新与共享资讯的方法，以支援随时随地可能会发生的这些活动。这不仅能够加强支援在手边的任务，同时也改善机构能保有最新的信息。随着轻量级客户端 Apps（应用程式）的开发，在现场就能存取许多宝贵的信息，像是工作订单数据、修复计划、影片以及零件数据，这些只是一部分可以从企业系统中检索的项目。移动设备将成为这种基础建设的关键构件。

当前建设项目开始把 BIM 与移动设备结合起来进行工程管理，其中一个重要的应用是运用 RFID 技术对材料、构配件进行追踪，借由读取构件 BIM 的数据把它显示在 FM 使用者的移动装置上。同时，一些 BIM 开发商还尝试应用移动与云端计算技术，即将数据的储存与处理等工作放在云端，同时开发相关的 APP 应用来支持移动设备与云端计算。

6.3　BIM 与绿色建筑的应用结合

（1）基本概念

所谓绿色建筑，是指在建筑的全寿命周期内，最大限度地节约资源、保护环境和减少污染，为人们提供健康、适用和高效的使用空间，与自然和谐共生的建筑。这里所谓的全寿命周期包括了前期规划选址、建筑设计、工程建设、运营维护、翻新改造以及最后的拆除整个过程，涉及了多专业的工种配合，要求全行业通力合作，改变既有观念，创新技术与施工工艺，提高建筑性能，创造出健康舒适的人居环境，又尽量维持生态环境的良好。

（2）集成原理

首先，绿色建筑关注建筑从前期规划到运营管理全过程的"四节一环保"（节能、节地、节水、节材、环境保护），BIM 技术亦覆盖了建筑全生命周期信息，从项目决策阶段的策划到方案论证，投资方可以使用 BIM 来评估方案的布局、视野、照明、安全、人体工程学、声学、色彩及规范的情况，迅速分析设计和施工可能需要应对的问题。因此两者在时间维度及信息周期上是可以配合的，且都能为建筑设计和运营管理做出进一步的优化。

其次，绿色建筑强调从理念和技术的角度出发来提升建筑的品质，BIM 在实现绿色设计、可持续设计方面具有优势，BIM 方法可用于分析包括影响绿色条件的采光、能源效率和可持续性材料等建筑性能的方方面面；可分析、实现最低的能耗，并借助通风、采光、气流组织以及视觉对人心理感受的控制等，实现节能环保。采用 BIM 理念，还可在项目方案完成的同时计算日照、模拟风环境，为建筑设计的"绿色探索"注入高科技力量。

最后，绿色建筑所关注的光照通风热量等，有了 BIM 平台就能方便地导入相关的各类绿色建筑分析软件，可以快速校验物理性能方面的合理性，完成建筑的绿色性能化分析和评估，降低性能化分析的时间周期，实现工作过程的优化。

（3）BIM 与绿色建筑的集成应用

BIM 技术在中国已经有很多成功的应用，包括北京奥运会奥运村空间规划及物资管理信息系统、南水北调工程以及香港地铁项目等，BIM 与绿色建筑的集成应用可以实现建筑全生命周期管理的优化互补。建设项目的景观可视度、日照、风环境、热环境、声环境等性能指标在开发前期就已经基本确定，但是由于缺少合适的技术手段，一般项目很难有时间和费用对上述各种性能指标进行多方案分析模拟，BIM 技术为建筑性能分析的普及应用提供了可能性。

前期规划阶段，要从经济社会、城市规划、业主需求、周围环境等方面进行调查研究，分析该项目的规模、类型、用地要求、周围的景观地貌和对环境的影响程度等，用以决定该建筑的造型以及空间朝向等。通过对拟建建筑及周边场地的数据资料收集，利用BIM并且结合相关软件进行建模，帮助项目方进行综合性能分析，从而做出合理的场地布局、建筑造型以及周边交通流线组织设计等关键性决策。

方案设计阶段建筑师可以利用BIM来分析整个建筑方案的布局造型、通风采光、热传导、人体工学、声学、色彩等内容，通过对模型进行风环境模拟、自然采光模拟、室内自然通风模拟、小区热环境模拟和建筑环境噪声模拟等性能分析对建设方案进行可行性预测。设计师可以通过BIM模型的三维渲染来实时展现建筑物，对建筑模型的整体质量和功能完整性进行检验，同时也提高了与业主沟通的能力。

项目施工阶段，应用BIM进行模型碰撞检测、施工可视化管理以及基于工程量的计算安排施工队、材料入场。BIM还可用于控制造价、保证质量和提高效率；绿色建筑也要求各种建筑材料、设备和系统信息的完整、准确和可控，以便更加节约资金、材料、能源、土地、水源和降低总体碳排放量。相对而言，BIM类似于一种实现手段，绿色建筑类似于一种期望目标，尽管角度不同，两者的方向和目的基本是一致的。

运营维护阶段，建筑物使用阶段的耗能与成本是建筑全生命周期成本的重要组成部分，如何在运营阶段也体现可持续是BIM所关注的。建设项目提交时，一并提交的还有BIM模型及相关的文档资料。根据项目的建设资料可以制定项目的运维计划，从而降低总体运营的成本。借助BIM的智慧运行维护也能对突发事件有快速响应的能力，包括预防、报警和处理全方位，保证管理没有盲区。BIM还可以提供一个绿色建筑评估体系，通过将BIM与物联网结合，将传感器与终端控制器连接起来，对建筑物进行健康监测，利用云计算平台，将每层建筑能耗计量与节能管理系统组合起来，形成一个总的管理系统，方便住户及物业人员进行操作管理。

6.4　BIM与建筑产业现代化的结合

6.4.1　建筑产业现代化的内涵与政策背景

(1) 我国建筑产业现代化的背景与状况

根据联合国经济委员会对工业化的要素定义，建筑工业化是随西方工业革命出现的概念，随着欧洲兴起的新建筑运动，实行工厂预制、现场机械装配，逐步形成了建筑工业化最初的理论雏形。二战后，西方国家亟须解决大量的住房而劳动力严重缺乏的情况，为推行建筑工业化提供了实践的基础，因其工作效率高而在欧美风靡一时。在建筑工业化方面，二次世界大战之后，欧洲兴起了建筑工业化的高潮，各国开始采用工业化装配的生产方式（主要是预制装配式）建造住宅，英、法、苏联、东欧在20世纪50~60年代重点发展了以装配式大板建筑为主的建筑工业化体系。由于生产力水平、经济状况等条件不同，西方各国建筑工业化的发展也各具特色。时至今日，这些国家的建筑工业化发展较为成熟，重点转向节能、降低住宅的物耗和对环境的负荷、资源的循环利用，倡导绿色、生态、可持续发展。目前，在发达国家的住宅建设中，装配式建筑已经占据相当的市场份额：美国约为 35%，欧洲约为 30%～40%，新加坡、新西兰、日本则超过 50%。其中欧美多采用构件化集成模式，日本多采用模块化集成模式，而且这些国家开始出现利用虚拟设计建造（Virtual Design and Construction，VDC）、虚拟现实（Virtual Reality，VR）、BIM、3D 激光扫描等信息化手段实现装配式建筑的一体化建设过程。

国内建筑产业现代化发展经历了尝试期、摸索期、萎缩期、推动期等四个阶段。20 世纪 50 年代，我国借鉴苏联经验，开始对建筑工业化进行了初步探索；1978 年开始推广预制装配和大板式建筑体系，但由于种种原因，建筑工业化在我国并没有得到深入地开展。主要是受制于当时技术水平不发达，存在大量弊端，一直处于停滞状态且持续到 20 世纪 90 年代初期，1994 年我国提出了"住宅产业化"的概念，经过近 20 年的发展，我国住宅产业化发展程度仍然处于较低水平。2000 年以来，国内住宅产业集团化联盟开始建立，国家康居示范工程顺利启动，开始进行标准化和系列化的开发住宅产品，将住宅产业化技术运用到产品生产中，通过集成化工厂生产、社会化协作供应、专业化配套服务，较大推进了我国的住宅产业化发展。至 2015 年底，全国已批准了 10 个产业化试点城市，2 个产业化基地园区和 58 个产业化基地企业。

2014 年 7 月，住房和城乡建设部出台的《关于推进建筑业发展和改革的若干意见》中提出，推动建筑产业现代化，2015 年住建部提出"实现建筑产业现代化新跨越"的要求。2016 年住建部颁布的《建筑产业现代化发展纲要》中，明确了未来 5 年～10 年建筑产业现代化的发展目标。

（2）我国建筑产业现代化建设的重要意义

其意义在于对于住房城乡建设领域的可持续发展具有革命性、根本性和全局性。

1）革命性：建筑产业现代化是生产方式变革，是传统生产方式向现代工业化生产方式转变的过程，区别于传统生产方式（二者区别见表 6.4-1）。

传统生产方式与工业化生产方式的比较　　　　　　　　　　　　表 6.4-1

内容	传统生产方式	工业化生产方式
设计阶段	不注重一体化设计 设计与施工相脱节	标准化、一体化设计 信息化技术协同设计 设计与施工紧密结合
施工阶段	以现场湿作业、手工操作为主 工人综合素质低、专业化程度低	设计施工一体化　　构件生产工厂化 现场施工装配化　　施工队伍专业化
装修阶段	以毛坯房为主 采用二次装修	装修与建筑设计同步 装修与主体结构一体化
验收阶段	竣工分部、分项抽检	全过程质量检验、验收
管理阶段	以包代管、专业化协同弱 依赖农民工劳务市场分包 追求设计与施工各自效益	工程总承包管理模式 全过程的信息化管理 项目整体效益最大化

2）根本性：是解决建筑工程质量、安全、效率、效益、节能、环保、低碳等一系列重大问题的根本途径；是解决房屋建造过程中设计、生产、施工、管理之间相互脱节、生

产方式落后问题的有效途径；是解决当前建筑业劳动力成本提高、劳动力和技术工人短缺以及提高建筑工人素质的必然选择。

3）全局性：是推动我国建筑业以及住房城乡建设领域的转型升级，实现国家新型城镇化发展、节能减排战略的重要举措，如图 6.4-1 所示。

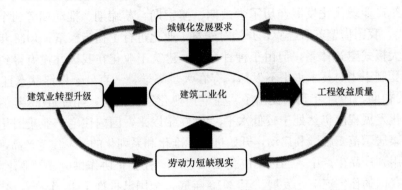

图 6.4-1　建筑工业的发展特征

(3) 建筑产业现代化的内涵

1）概念

1974 年，联合国出版的《政府逐步实现建筑工业化的政策和措施指引》中定义了"建筑工业化"：按照大工业生产方式改造建筑业，使之逐步从手工业生产转向社会化大生产的过程。它的基本途径是建筑标准化，构配件生产工厂化，施工机械化和组织管理科学化，并逐步采用现代科学技术的新成果，以提高劳动生产率，加快建设速度，降低工程成本，提高工程质量。本书认为，建筑产业现代化是以建筑业转型升级为目标，以技术创新为先导，以现代化管理为支撑，以信息化为手段，以新型建筑工业化为核心，对建筑的全产业链进行更新、改造和升级，实现传统生产方式向现代工业化生产方式转变，从而全面提升建筑工程的质量、效率和效益。建筑产业现代化是生产方式的变革，是一个不断发展的过程。

2）特征

① 建筑产业现代化的核心是新型建筑工业化。

新型建筑工业化的"新型"含义：一是，区别以前的建筑工业化；二是，"新"在信息化，是新时期的信息化与建筑工业化的深度融合。

② 是通过工业化与信息化的深度融合来改造传统产业。

运用信息技术实现设计与施工的融合、设计与产品的融合、设计与管理的融合。当今世界，信息技术正在改变我们的生产方式、消费方式和生活方式。从建筑业的未来发展看，信息技术必将成为建筑工业化的重要工具和手段，建筑工业化与信息化的深度融合必然对传统建筑业的生产方式进行更新、改造和升级，是现代工业和现代建筑业的重要特征，意义深远，范围广泛，作用巨大。

③ 建筑产业现代化内涵丰富、系统性强，涉及技术、经济、管理全方位。

工业化生产方式包含两个核心要素：技术与管理，工业化建筑评价体系可以清晰地说明这一点，如图 6.4-2 所示。具体表现在：首先，生产方式的变革必然带来工程设计、技术标准、施工方法、工程监理、管理验收的变化；其次，生产方式的变革必然带来管理体

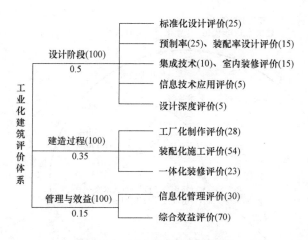

图 6.4-2　工业化建筑评价体系

制、实施机制的变革，审图制度、定额管理、监理范围、责任主体也都将发生变化。

6.4.2　建筑信息化与工业化的融合

(1) 建筑信息化与工业化融合的发展背景

2007 年 10 月，"十七大"报告正式将信息化列入"五化"，提出"两化融合"的概念，即信息化与工业化融合，走新型工业化的道路，两化融合作为新型工业化的核心内容，成为推动新型工业化发展的第一动力。伴随着新一代信息技术的突破和扩散，柔性制造、智能制造、服务型制造、工业互联网、3D 打印、大规模个性化订制、全生命周期管理等，都对传统发展理念、发展方式、发展模式产生了颠覆性、革命性的影响，并将重塑全球相关产业的发展格局。

建筑业产业结构升级、转型将是未来新建筑业发展的主旋律。在这样的趋势下，建筑业发展的方向必然是两化融合，即工业化与信息化的融合。两化融合发展要求我们在以往计算机成熟应用的基础上，进一步通过推广 CAD、CAM、CAE、CAPP 以及并行计算、云计算、虚拟设计建造等先进技术的应用，围绕创新设计和加工制造、过程协同和质量控制等工程建设的各关键环节推进信息化建设，以提高建筑工程全生命周期的效能与价值。

(2) 建筑信息化与工业化的融合

从建筑业与制造业的技术变革发展曲线（图 6.4-3）可以看出，以信息化带动的工业化在技术上是一种革命性的跨越式发展，从建设行业的未来发展看，信息技术将成为建筑工业化的重要工具和手段。

1) 必要性

工业化与信息化同时发展的现状表明，建筑的信息化离不开工业化的技术与基础，而工业化同样离不开信息化的辅助与引导，两者相互促进、相互依存。建筑业现阶段的主要趋势是全面进行信息化建设，以信息化带动工业化的实现。

信息技术尤其是计算机及其网络技术的迅速普及，为建筑业的飞速发展提供了前所未有的机遇。建筑业已经呈现出信息化的整体趋势，数字技术在建筑环境、建筑本体以及建筑过程中产生的影响已经显现燎原之势，很大程度上改变了传统的建筑模式。计算机技术

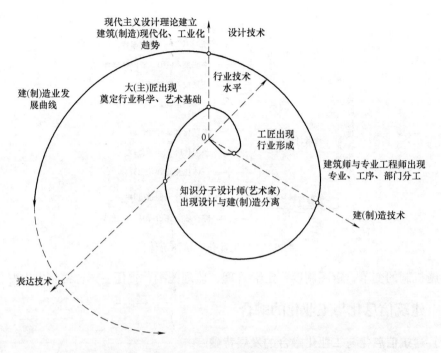

図 6.4-3　建筑业与制造业技术变革发展曲线示意

不但帮助建筑师完成了"甩图板"的基本目标，并逐步从计算机辅助制图工具转变为真正意义上的计算机辅助设计工具。以 BIM 为代表的新型建筑工业化的数字化建设和运维的基础性技术工具，其强大的信息共享能力、协同工作能力、专业任务能力的作用正在日益显现。信息技术的广泛应用使我国工程建设逐步向工业化、标准化和集约化方向发展，促使工程建设各阶段、各专业主体之间在更高层面上充分共享资源，有效地避免各专业、各行业间不协调问题，有效地解决了设计与施工脱节、部品与建造技术脱节的问题，极大地提高了工程建设的精细化、生产效率和工程质量，并充分体现和发挥了新型建筑工业化的特点及优势。针对我国建筑工业化的未来发展，有必要着力推进 BIM 技术与建筑工业化的深度融合与应用，以促进我国住房和城乡建设领域的技术进步和产业升级。我们必须再深刻认识信息化对我国建筑工业化带来的极大影响和挑战。

2）装配式建筑与信息化

信息技术与装配式建筑的深度融合是新型建筑产业化的基础条件。PC（Prefabricated Concrete），即预制装配式建筑是目前建筑工业化发展的主要形式，PC 建筑的主要构件可以在工厂生产加工，之后通过运输工具运送到工地现场，并在工地现场以拼装方式建造住宅。用这种方式建造房屋，可以实现节水、节材、节时，并可以提高建筑的质量和品质。在建筑工业化中的设计、生产、物流、施工、运营环节全流程的有效管理，都需要建立在信息化的平台上。全流程信息化管理是一个动态的系统和动态的管理过程，它可以改变信息的获取方式和存储方式，提高信息处理效率、改变信息传递方式、提高信息的集成和价值，从而改变人们的工作方式。全流程信息化管理的精髓是信息集成，其核心要素是数据平台的建设和数据的深度挖掘，通过信息管理系统把设计、采购、生产、物流、施工、财务、运营、管理等各个环节集成起来，共享信息和资源，同时利用现代的技术手段来寻找潜在客户，有效地支撑企业的决策系统，达到降低库存、快速应变、提高生产效能和质量的目的，增强企业的市场竞争力。

装配式建筑是在房屋建造全过程中采用标准化设计、工厂化生产、装配式施工和信息化管理为主要特征的工业化生产方式，在 VDC、BIM、RFID 等信息技术的支持下形成完整的一体化产业链。目前我国对装配式建筑的研究大多集中在技术层面，如结构构件的生产工艺、现场施工技术、施工体系以及工法等。然而在装配式建筑建设过程中，暴露出更为重要的问题是管理层面的管理手段落后、政策引导滞后、协同机制不完善等。例如装配式建筑在设计过程中没有充分考虑构件实际生产和安装过程中的需要，导致进入构件生产、安装环节时常常出现设计与施工冲突，以及施工碰撞等问题，进而发生设计变更，最终导致施工现场停工待料等现象，从而影响建设工程的工期与质量。因此，如何利用以 BIM 为代表的信息技术，集成设计、加工、施工与运营的过程管理，使各阶段、各参与方之间信息畅通，成为解决建筑过程中管理问题的关键。

6.4.3 BIM 技术在建筑产业现代化中的应用

（1）BIM 技术的在新型建筑工业化中的功能与特征分析

在信息化和建筑工业化发展的互相推进中，信息化的发展现阶段主要表现在建筑信息模型（简称"BIM"）技术在建筑工业化中的应用。BIM 技术作为信息化技术的一种，已随着建筑工业化的推进逐渐在我国建筑业应用推广。建筑信息化发展阶段依次是"手工、自动化、信息化、网络化"，而 BIM 技术正在开启我国建筑施工从自动化到信息化的转变。工程项目是建筑业的核心业务，工程项目信息化主要依靠工具类软件（如造价和计量软件等）和管理类软件（如造价管理系统、招投标知识管理、施工项目管理解决方案等），BIM 技术能够实现工程项目的信息化建设，通过可视化的技术促进规划方、设计方、施工方和运维方协同工作，并对项目进行全生命周期管理，特别是从设计方案、施工进度、成本、质量、安全、环保等方面，增强项目的可预知性和可控性。

BIM 技术不仅是建筑模型的三维表达，更为重要的是提供了一种集合设计、建造和各个参与方的信息化协同参与平台，实现了各参与方在全寿命周期内对工程项目的协同管理。BIM 技术在新型建筑工业化建造过程中对工程项目整个供应链的协同管理特征主要体现在其三维可视化性、模拟性、协同性和优化性等方面。其具体应用特征分析见表6.4-2。

BIM 技术的在新型建筑工业化中的功能与特征分析表　　　　　　　　表 6.4-2

BIM 在建筑工业化全寿命周期内的特征	三维可视化	模拟性	协同性	优化性
可行性研究阶段	可利用三维 BIM 模型直观地讨论项目实施可行性	用 BIM 的模拟功能实现对建筑方案的预模拟	通过 BIM 信息共享实现构部件的供应商与设计单位协同参与	可以通过不同方案的模拟,对装配式建筑的建设方案进行优化
设计阶段	利用 BIM 平台进行三维设计,直观表现设计方案	对工业化建造结构进行预模拟,实现对构部件的模拟组装	通过 BIM 建筑模型共享实现政府、设计方、施工方和构部件供应商的协同	对预制构件模拟和不同专业碰撞检测实现对设计方案的优化

BIM在建筑工业化全寿命周期内的特征	三维可视化	模拟性	协同性	优化性
施工阶段	基于BIM的三维模型进行施工方案的制定	对预制拼装构件进行施工方案预模拟,并基于BIM平台实现对物料消耗的模拟	通过BIM信息化平台实现内部供应链和外部供应链在施工阶段消耗物料协同管理	通过BIM对施工方案的模拟结果进行优化施工方案及优化物料消耗方案
运维阶段	基于BIM的三维模型实施物业管理	对运营阶段的改造方案进行预先的模拟	基于BIM信息模型和历史参数化的工程数据实施业主和物业运营方的协同管理	基于BIM模型对运营维护方案进行优化,对改造方案进行优化

(2) BIM技术在建筑产业现代化中的作用

在我国,BIM理念正逐步为建筑行业所知,开始由设计阶段向施工阶段BIM应用延伸,国内的水立方奥运项目、上海世博会建筑、上海中心大厦、北京中国尊、上海迪士尼等在建筑项目生命周期的各个阶段(包括策划、设计、招投标、施工、运营维护和改造升级等)都开始了BIM技术的应用。随着我国建筑行业信息化的发展以及BIM平台软件的逐步完善,BIM技术在新型建筑工业化进程中优势日益明显。BIM概念的出现与发展,为建造过程各阶段共享工程信息提供了技术平台,更好地实现了信息的收集、传递与反馈,对面向于全生命周期管理的新型建筑工业化起到了有益的推动作用。

1) BIM技术已成为改变建筑业低效率的重要变革力量。BIM基于三维模型技术的数字化表示,它涵盖建筑物全寿命周期,在不同的项目阶段为不同的参与方提供信息交流平台,以数字化、可计算的形式提供图形信息和非图形信息(如进度、价格等),目的在于促使参与方加强协作,使项目信息更加透明和及时,以便正确决策,提高项目质量,实现项目价值最优化,对我国现阶段的项目交付模式与项目交付标准产生重大影响,为探索建筑行业的创新与发展提供了新的解决思路。鉴于BIM的重要作用,住建部明确提出"十二五"期间加快BIM技术在建设工程项目中的应用。

2) BIM成为促进新型建筑工业化发展的催化剂。工业化住宅具有房型简单、模块化等特点,采用BIM技术可比较容易地实现模块化设计和构件的零件库,这使得BIM建模工作的难度降低。新型建筑工业化的生产方式要求实现全产业链的、全生命周期的管理,与BIM技术所擅长的全生命周期管理理念相吻合。另外,在装配式建筑建造过程中也有对BIM技术的实际需求,如住宅设计过程中的空间优化,减少错漏碰缺、深化设计需求、施工过程的优化和仿真、项目建设中的成本控制等。

3) BIM是降低装配式建筑成本的有效手段。新型建筑工业化强调从整个建筑产品供应链的角度综合考虑、决策和进行效绩评价,要求参与各方协同工作,满足多样化的客户需求,快速安排生产,加速物流的实施过程,从而提高供应链各环节的边际效益。而现阶段装配式建筑参与各方"信息孤岛"现象没有得到根本性转变,缺乏先进有效的协同平台和机制,依赖于二维图纸的传统沟通模式,而图纸还经常出现错误和专业碰撞,供应链条上各个环节经常出现延误和损失。BIM技术的应用,能够贯穿整个装配式建筑的生命周期,实现业主、设计院、施工方、监理方、材料供应商和物业管理信息共享,提高部品加工工艺水平，指导现场施工，能够提升装配式建筑的整体效率，从而降低装配式建筑整体的能耗排放、环境影响和投资成本。

4）BIM是打通建筑预制加工的重要工具。预制加工，是一种制造模式，是工业化的具体技术手段，建筑预制加工通常包括模板、钢筋下料、管道预制加工、PC等。一方面，预制加工技术的推广，有助于提高建造业标准化与工业化及精细化管理的水平，为BIM软件的开发与BIM技术的应用奠定业务层面的基础。另一方面，BIM模型可与数控机床等加工设备提供各类构建的准确尺寸、规格、数量等方面的信息，实现自动化加工，可以更好地支持设计和加工之间的对接。尤其是幕墙与钢结构方面，由于涉及金属异形构件较多，需要从BIM模型获取精确的构件尺寸信息，利用BIM模型数据和数控机床的自动集成，能完成通过传统的"二维图纸-深化图纸-加工制造"流程很难完成的下料工作。

(3) BIM技术在建筑产业现代化应用存在的主要问题

与先进制造业采用PDM/PLM进行产品数据管理和供应链协同类似，BIM可以帮助建筑项目的所有参与方、供应商协同工作，真正实现工业化、全供应链协作的建造方式。由于BIM协同技术对项目的组织方式、项目参与人员专业技能有非常特殊的要求，目前，我国的建筑工业化还没有见到真正的协同工作的案例。

建筑工业化是采用社会化大生产的方式开展建设项目的实施，每个项目涉及的产品、专业技术门类繁多，每个项目所承载的信息量巨大，没有合适的信息交换手段，势必无法发挥工业化的优势。结合BIM模型的信息承载能力，以可视化的BIM模型为信息交换方式，实现设计、采购、建造、施工各环节协同作业，是BIM的最大价值所在。但是，建筑信息模型技术和建筑工业化建造工艺都是面向建筑全生命周期的，然而在实际建设中两者被割裂开。设计环节参与人员更加关注建筑信息模型，建造和业主方人员更加关注建筑工业化。美国总承包商协会在2010年的一次调查中发现，只有18%的建造商认为BIM在预制化中起到关键作用。这种割裂的状态需要通过一些系统的研究才能够改善，其中，至关重要的是对面向建筑工业化发展的BIM标准、BIM构件资源、BIM设计软件和BIM协同平台技术的研究和应用。

总之，由于环境资源、建筑质量和品质、劳动力资源等方面的影响，我国已进入建筑工业化发展的新阶段。在以计算机技术为代表的第三次工业化革命中，信息化对建筑工业起到了巨大的推动作用。近年来，建筑业走上建筑全产业链信息集成的技术路线，以BIM为核心的建筑信息化技术为建筑工业化发展提供了快捷、高效的发展通道。因此，在当前我国建筑工业化与建筑信息模型相互隔离发展的状况下，应当以BIM技术为支撑，推进我国建筑工业化由传统工业化迈向以信息技术为基础的现代工业化，同时，以建筑工业化为载体，尽早实现BIM在建筑及工程建设项目的设计、制造、施工、运维全过程的集成化应用。

第7章 试题样例

以下为一份考题的示例。

考试时间为 120 分钟。

考试要求：《综合 BIM 应用》试题分为客观题与主观题，共计 100 分，其中客观题为单项选择题和多项选择题（单项选择题为 20 分，多项选择题为 20 分），主观题为 60 分。

注意：新建文件夹（以"考生考号＋姓名"命名），用于存放本次考试中生成的文件。

一、单项选择题（20 分，其中每题选项中只有一个正确答案，错选不得分，共 20 题，每题 1 分）。

（　　）是针对规模大，水暖电分别建立自己的中心文件，然后再通过链接软件功能进行协调的工作共享方式。

A. 链接模式

B. 集中模式

C. 工作集模式

D. 工作流程模式

答案【A】

二、多项选择题（20 分，其中每题选项中至少有一个正确答案，漏选错选均不得分，共 10 题，每题 2 分）。

1. 综合 BIM 应用的原则有（　　）。

A. 业主主导原则

B. 标准化原则

C. 过程性原则

D. 技术辅助原则

E. 跨组织协同原则

答案【ABCE】

2. buildingSMART 联盟编制的建设项目 BIM 实施规划的基本要素包括（　　）。

A. 项目目标与 BIM 目标

B. BIM 流程设计

C. BIM 范围定义

D. 技术基础设施要求

E. BIM 模型 LOD

答案【ABCD】

3. BIM 技术在新型建筑工业化建造过程中对工程项目整个供应链的协同管理特征主要体现在三维可视化性、模拟性以及（　　）等方面。

A. 组织性

B. 协同性

C. 优化性

D. 控制性

E. 目标性

答案【BC】

三、案例题（共 3 题，60 分）

【案例 1】

某建设项目为办公楼，为三个标准塔楼布局，钢筋混凝土结构，地上 20～22 层，1～3 层设置裙房相互连通，项目共分为四个部分，南侧 A 栋，中间 B 栋，北侧 C 栋，以及地下车库及设备用房。总建筑面积 96341.16m²，其中地上 3004.7m²，地下 23336.46m²，建筑总高度 79.4m。在政府大力推广背景下，建设单位明确提出将该项目列为 BIM 的试点项目，要求主要的设计和施工单位均需要应用 BIM 技术。2015 年 1 月项目团队召开了"BIM 技术启动会"，确定了该项目 BIM 应用要追求全过程全方位的试点和应用，要求项目的主要参与者设计单位和施工单位均应用 BIM 技术。确定了 BIM 的组织架构、整体实施方案，详细描述了每项应用工作所需要完成的具体工作内容和时间节点计划，并明确了每项应用需要交付的成果。

【问题 1】：结合该项目描述，请编制一份项目级 BIM 实施规划的基本框架和内容。

【问题 2】：分析该项目 BIM 技术应用的主要应用点有哪些？尝试设计一套该项目适用的软件方案。

【问题 3】：如何进行 BIM 模型协调会议的计划与组织？其流程设计的一般原则是怎样的？

【案例 2】

某地国家会展中心项目地处某沿海城市的中心城区，总建筑面积约 120 万 m²，一期建筑面积约 77 万 m²，由会展区和综合配套区组成。会展区约 44 万 m²，由中央入口大厅、展厅、交通连廊三部分组成。综合配套区约 33 万 m²，由 4 栋塔楼及 5 层裙房组成，是集会议、办公、接待等功能为一体的建筑综合体。

本工程确定以设计团队作为设计阶段 BIM 技术的实施团队；施工承包单位及施工监理单位作为施工阶段 BIM 技术的实施团队；同时聘请具有丰富经验和权威的咨询团队作为工程建设全过程的组织者，并对各阶段、各团队工作进行指导与完成质量的审核。让专业的团队完成专业的事情，以保证工作的质量。

在项目实施过程中，为了保证项目参建方的 BIM 应用都能达到规划的要求，制定了BIM 一系列质量控制措施。同时，梳理并制定了 BIM 流程，通过流程管理使得项目参建方的 BIM 团队都清楚了解各自的工作流程以及与其他团队成员工作流程之间的关系。在工程监理例会、设计交底、专项会议等参建各方沟通的场合，建设单位均要求 BIM 团队参加，突破项目参建方传统的孤立的工作模式，建立基于 BIM 的三维协作机制，提高项目沟通效率和效益。

在本项目中，由业主牵头，制定了较完善的 BIM 实施管理制度，在设计阶段利用BIM 整合了多个设计专业，已经实现了 BIM 应有的一些价值。例如，设计师运用 BIM技术对展馆区进行各专业的碰撞检查，最终发现有效碰撞点 7000 余个，经过对展馆和中央大厅进行设计优化，使"错、漏、碰、缺"的问题大大减少，提高了施工图整体设计水平。本项目还利用 BIM 模型实现可视化浏览和三维出图，使各参建方都能够简单直观地理解设计文件，为业主的各项技术决策提供了重要参考，在各专业施工图优化、投资控制等方面已经起到重要作用。在建设阶段的应用方面，该项目利用 BIM 模型进行了图纸会审和设计交底工作。

【问题 1】：本案例采用了怎样的 BIM 实施模式？选择 BIM 实施模式应考虑哪些因素？

【问题 2】：为了保证项目参建方的 BIM 应用都能达到规划的要求，BIM 模型质量控制的措施有哪些？BIM 的实施流程通常应包含什么？

【问题 3】：请结合案例，分析在该项目中应用编制哪些 BIM 技术相关的规范或标准。

参 考 文 献

[1] 丁士昭. 工程项目管理（第二版）[M]，北京：中国建筑工业出版社，2013.

[2] 李明龙. 基于业主方的 BIM 实施模式及策略分析研究 [D]. 华中科技大学，2014.

[3] 高兴华，张洪伟，杨鹏飞. 基于 BIM 的协同化设计研究 [J]. 中国勘察设计，2015（1）：77-82.

[4] 陈杰. 基于云 BIM 的建设工程协同设计与施工协同机制 [D]. 清华大学，2014.

[5] 王楠楠，王庆春，王丰，韩志超. 施工 BIM 模型建立与应用过程关键技术 [J]. 大连民族学院学报，2015，17（5）：495-499.

[6] 美国 buildingSMART 联盟：美国 BIM 项目实施计划指南第二版. 2010.

[7] 清华大学软件学院 BIM 课题组. 设计企业 BIM 实施标准指南 [S]. 北京：中国建筑工业出版社，2013.

[8] 王凯. 国外 BIM 标准研究 [J]. 土木建筑信息技术，2013，2：6-15

[9] 王婷，肖莉萍. 国内外 BIM 标准综述与探讨 [J]. 建筑经济，2014，5：108-111.

[10] 闫文凯. 三维数据模型拆分及互用性实践分析 [C]. 第十七届全国工程建设计算机应用大会论文集. 2014：P73～77.

[11] Building Information Modelling (BIM) User Guide for Development and Construction Division of Hong Kong Housing Authority，2009.

[12] 北京市城乡规划标准化办公室. 民用建筑信息模型设计标准 DB11/T 1069—2014 [S]. 北京：中国建筑工业出版社，2014.

[13] 清华大学课题组，上安集团 BIM 课题组. 机电安装企业 BIM 实施标准指南 [M]. 北京：中国建筑工业出版社，2015.

[14] 张泳，付君等. 美国的 BIM 应用合同文件及其启示 [J]. 国际经济观察，2013，2：61-64,

[15] 王朔，李建成. 建筑大数据应用刍议 [C]. 全国高校建筑学学科专业指导委员会，建筑数字技术数学工作委员会，华中科技大学建筑与城市规则学院. 数字建构文件-2015 年全国建筑院系建筑数字技术教学研讨会论文集. 北京：中国建筑工业出版社，2015.

[16] 方琦. 浅谈 BIM 软件系统与云计算 [J]. 土木建筑工程信息技术，2015，1：49-52.

[17] 徐迅，李万乐，骆汉宾，魏然，赵辰光. 建筑企业 BIM 私有云平台中心建设与实施 [J]. 土木工程与管理学报，2014，2：84-90

[18] 常春光，吴飞飞. 基于 BIM 和 RFID 技术的装配式建筑施工过程管理. 沈阳建筑大学学报（社会科学版）[J]. 2015，2：170-174

[19] 杨莉，殷复鹏. ERP 在建筑企业应用研究与探讨 [J]. 山西财经大学学报，2009，2：72-74.

[20] 杨宝明. 建筑信息模型 BIM 与企业资源计划系统 ERP [J]. 施工技术，2008，6：31-33.

[21] 汤圣君，朱庆，赵君峤. BIM 与 GIS 数据集成：IFC 与 CityGML 建筑几何语义信息互操作技术 [J]. 土木建筑工程信息技术. 2014，4：11-17.

[22] 郑云，苏振民，金少军. BIM-GIS 技术在建筑供应链可视化中的应用研究 [J]. 施工技术，2015，6：59-63.

[23] 刘玲，孟庆昕，刘晓东，杨璇. 基于 BIM＋GIS 技术的公路预防性养护研究 [J]. 公路交通科技（应用技术版），2015，4：13-15.

[24] 魏慧娇，李丛笑，尹波，周海珠. 应用于绿色居住建筑评价的 BIM 模型要点 [C]. 第九届国际绿色建筑与建筑节能大会论文集，2013.

[25] 齐治昌，谭庆平，宁洪，软件工程第二版 [M]. 北京：高等教育出版社，2005.

[26] 杨春晖，孙伟. 系统架构设计师教程 [M]. 北京：清华大学出版社，2009.

[27] 浙江省住房和城乡建设厅. 浙江省建筑信息模型（BIM）技术应用导则. 2016，4.

[28] 深圳市建筑工务署. 深圳市建筑工务署政府公共工程 BIM 应用实施纲要，2015. 5.

[29] 深圳市建筑工务署. 深圳市建筑工务署 BIM 实施管理标准. 2015. 5.

[30] 住房和城乡建设部. 建筑工程施工信息模型应用标准（征求意见稿）. 2016. 5.

[31] buidingSMART. buildingSMART International Alliance for Interoperability [EB/OL]. https：//
www. buildingsmart. com/bim，18. 12. 2008/11. 10. 2013.

[32] Succar，B (2009). Building Information Modeling Framework：a research and delivery foundation
for industry stakeholders [J]. Automation in construction，18：357-375.